維他命是藥還是毒

Daily vitamins

李潔・石莎莎 合著

TVBS「健康兩點靈」、「女人我最大」健康諮詢專家
國立陽明大學醫學院藥理學教授
潘懷宗博士 監修推薦

文經社

推薦序

潘懷宗
TVBS「健康兩點靈」、「女人我最大」健康諮詢專家
國立陽明大學醫學院藥理學教授

維他命是維持人體正常運作功能的基本元素。確實，人不能缺乏維他命，一旦缺乏其中某種或多種，器官和系統機能便會弱化，進而導致功能失調或出現症狀、疾病。就因維他命對人體這麼重要，多數人在心生恐懼下，便產生「寧可多補也不可缺少」或「補越多越好」的錯誤心理，以致於胡亂做了連自己也不明確效果的補充。

這正是大多數人對維他命的誤解與迷失。相對於「該吃（補）的，吃；不該吃（補）的，不吃（補）」，有人卻變成「不該吃（補）的，吃（補）；該吃（補）的，卻沒吃（補）」。有更多的人甚至搞不清楚自己缺什麼、不缺什麼維他命，或是過量吃了什麼、該或不該吃什麼？何時吃？吃多少？從而，過少與過多的維他命都導致傷害健康。原本適量的維他命是對健康有幫助的「藥」，過量卻反而成為對健康有害的「毒」了，不可不慎。

對維他命我們應有基本的認識：不同的人、不同的體質、不同的時期、不同的目的、不同的食物與吃法，所需要的維他命和份量並不一樣。我們必須正確並適當、適量的補充。如果不小心而錯用、錯補維他命，會未蒙其利而反受其害。

這本《維他命是藥還是毒》是一本完整解析、教人分辨和利用各種天然食物攝取到的維他命，進而維護自己健康的好書。不同的族群需要不同的維他命，這本書也告訴你：你到底需要哪種維他命？需要多少量？以及維他命對於不同的症狀及疾病，各具有哪種輔助的功效，如果攝取過量，將會有什麼副作用…等。每一章、每一節都能讓你獲得正確知識，有效地補充所需的維他命。我特地為大家整理了一篇參考攝取量，如右頁表格，希望能對你有所幫助。特別鄭重向你推薦這本好書。

●國人每日膳食營養素參考攝取量 (Dietary Reference Intakes，DRIs)

	維他命A		維他命C	維他命D	維他命E	維他命B_1		維他命B_2 (核黃素)	
單位 / 年齡	微克(μg RE)		毫克(mg)	微克(μg)	(mg a-TE)	毫克(mg)		毫克(mg)	
	男	女				男	女	男	女
4歲~	400		50	5	6	0.7~0.8	0.7	0.8~0.9	0.7~0.8
7歲~	400		60	5	8	0.9~1.0	0.8~0.9	1.0~1.1	0.9~1.0
10歲~	500	500	80	5	10	1.0~1.1	1.0~1.1	1.1~1.2	1.1~1.2
13歲~	600	500	90	5	12	1.1~1.2	1.0~1.1	1.2~1.4	1.1~1.3
16歲~	700	500	100	5	12	1.0~1.5	0.8~1.2	1.1~1.7	0.9~1.3
19歲~	600	500	100	5	12	1.0~1.4	0.8~1.1	1.1~1.6	0.9~1.3
31歲~	600	500	100	5	12	0.9~1.4	0.8~1.1	1.0~1.5	0.9~1.3
51歲~	600	500	100	10	12	0.9~1.3	0.8~1.1	1.0~1.4	0.8~1.3
71歲~	600	500	100	10	12	0.8~1.1	0.7~1.0	0.9~1.2	0.8~1.0
懷孕 第一期	+0		+10	+5	+2	+0		----	
懷孕 第二期	+0		+10	+5	+2	+0.2		----	
懷孕 第三期	+100		+10	+5	+2	+0.2		----	
哺乳期	+400		+40	+5	+3	+0.3		----	

	維他命B_3 (菸鹼素)		維他命B_4 (膽素)		維他命B_5 (泛酸)	維他命B_6		維他命B_7 (生物素)	維他命B_9 (葉酸)	維他命B_{12}
單位 / 年齡	(mg NE)		毫克(mg)		毫克(mg)	毫克(mg)		微克(μg)	微克(μg)	微克(μg)
	男	女	男	女		男	女			
4歲~	10~11	9~10	210		2.5	0.7		12	200	1.2
7歲~	12~13	10~11	270		3	----		15	250	1.5
10歲~	13~14	13~14	350	350	4	0.9		20	300	2
13歲~	15~16	13~15	450	350	4.5	1.1		25	400	2.4
16歲~	13~20	11~16	450	360	5	1.3		30	400	2.4
19歲~	13~18	11~15	450	360	5	1.4		30	400	2.4
31歲~	12~18	10~15	450	360	5	1.5		30	400	2.4
51歲~	12~17	10~15	450	360	5	1.5		30	400	2.4
71歲~	11~14	10~12	450	360	5	1.6		30	400	2.4
懷孕 第一期	+0		+20		+1	+0.4		+0	+200	+0.2
懷孕 第二期	+2		+20		+1	+0.4		+0	+200	+0.2
懷孕 第三期	+2		+20		+1	+0.4		+0	+200	+0.2
哺乳期	+4		+140		+2	+0.4		+5	+100	+0.4

1. 此單位數據為RDA (建議量Recommended Dietary Allowance) 值。
2. 年齡以足歲計算
3. R.E. (Retinol Equivalent) 即視網醇當量。 1μg R.E.=6μg β-胡蘿蔔素 (β-Carotene)。
4. α-T.E. (α-Tocopherol Equivalent) 即α-生育醇當量。

*詳細營養素內容請參考本書第三章。
*資料來源：行政院衛生署消費者資訊網

前言

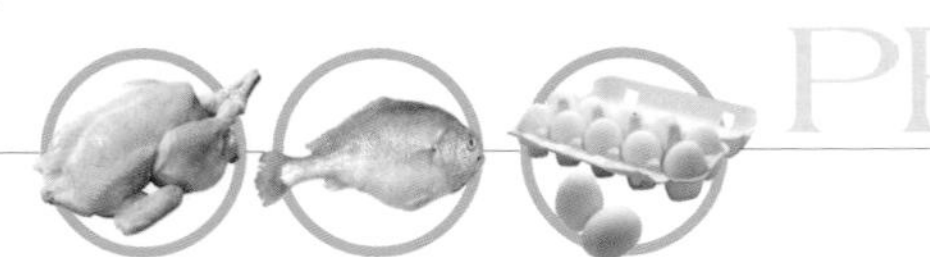

PREFACE

現代人共同的困惱就是沒有時間運動、睡眠不足、營養不均衡等，導致每天臉色不佳、精神不濟。尤其是對於外食族和忙碌的現代人來說，每天服用複合維他命錠劑可能比吃水果蔬菜更方便、迅速。所以補充維他命和礦物質逐漸成為現代人的一種習慣。

許多人認為，維他命既能維持生長發育和新陳代謝，還可延緩衰老、降低膽固醇，有助於減肥、排出體內毒素、預防慢性疾病。於是，大量有關維他命的廣告充斥媒體。

維他命，顧名思義就是維持生物有機體正常功能的基本元素。長久以來，人們普遍認為補充維他命應該「多多益善」。然而，根據研究報導卻對維他命的作用有不同的結論。研究結果顯示，長期過量服用維他命A，會造成嚴重中毒甚至死亡；每天維他命B_1超過10公克，就會容易引起頭痛、浮腫，孕婦甚至會導致產後出血不止；攝入過量維他命E反而會誘發癌症等。這結論讓維他命逐漸成為各大媒體關注的焦點之一。

維他命雖然不是藥，但是吃錯了不但沒有效，嚴重者還會危害健康。人們不禁開始疑慮：「我是不是吃錯了？」其實，這是因為人們對維他命了解得不夠全面。維他命雖然可以「維生」，但是如果補多了或是補錯了，也會產生危害人體的副作用。

現代人工作忙、壓力大、生活不規律，不但飲食很難達到均衡，身體對維他命的吸收也會受到影響，導致體內營養素的缺乏和免疫力的下降。因此，適當地補充維他命是必要的。你要知道你自己到底缺少哪些維他命，該補充何種維他命、補多少，以及服用維他命有沒有禁忌等。

當你再次打開小藥瓶，打算用裡面的維他命進補時，不要忘了維他命並非仙丹妙藥，它是毒也是藥。在吞下那些彩色的小藥錠之前，請先問問自己：「我真的需要補充維他命嗎？」

維他命是藥還是毒 *Daily vitamins* 目錄

125 第四章 用對維他命對症治療

143 第五章 身體保養與維他命

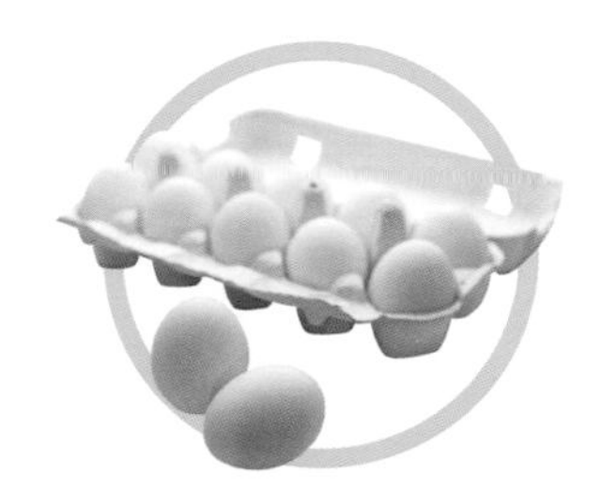

155 第六章 維他命保存和補充的原則

171 第七章 常見的食物維他命

第一章

你需要補充哪些維他命？

外食上班族需要什麼？

☑維他命A	鰻魚、豬肝、南瓜、玉米、番薯、香蕉、芒果等
☑維他命B群	動物性內臟、綠色蔬菜、穀類、B群補充劑等
☑維他命C	柑橘、柚子等大部分的水果、綠色蔬菜等
☑維他命D	海魚類、動物肝臟、蛋黃、奶類、蕈類等
☑維他命E	食用油及玉米、大豆、全麥等未精製過的穀類

上班族共同的困擾就是沒有時間運動、睡眠不足、營養不均衡等，導致每天臉色不佳、精神不濟。許多人都會藉著吃各種維他命補充劑來調養身體，但是不少人吃了半天卻還是不清楚，這些維他命到底應該怎麼吃才好？吃了真的有用嗎？會不會吃錯了呢？

坐在辦公室裡的上班族每天面對電腦螢幕，首當其衝損害的就是眼睛，必須特別注重補充維他命A。維他命A可以促進眼內感光色素（視紫紅質）的形成，有效防止視力減退。當眼睛使用過度時，多吃含有豐富維

他命A的鰻魚、韭菜炒豬肝，都具有很好的功效。

上班族的生活作息都是朝九晚五，很少有機會可以曬到太陽，所以經常會缺乏維他命D，造成鈣質吸收不足，導致骨質疏鬆。雖然多曬太陽，體內會產生維他命D，但是如果日曬機會太少，就需要多吃含維他命D的食物，如海魚類、動物肝臟等。

另外，辦公室裡的上班族每天都要面對繁重的工作精神壓力，適當補充維他命C不但能提高免疫力，讓身體能應對緊張的工作，還能抗衰老，在繁忙的工作生活中保持青春活力。絕大部分水果和綠色蔬菜中都含有維他命C，多吃新鮮蔬果能緩解精神的緊張。

❗外食族容易營養不均衡

快節奏、繁重的工作，讓許多上班族無法悠閒地吃飯，中午大家總是訂便當、吃泡麵。而隨著速食文化的盛行，也有不少人開始習慣依賴速食店。不可否認，速食食品既經濟又方便，但大家知道它的營養價值嗎？

漢堡、熱狗、炸雞等速食，是許多年輕上班族和中小學生常吃的食物。這些速食的烹調方式以煎、炸為

主，而動物性脂肪的總含量又偏高。以炸薯條為例，每100公克的馬鈴薯原本的脂肪含量只有0.1公克，但因為它容易吸附油脂，所以每100公克炸好的薯條脂肪含量高達7公克。一個105公克的漢堡就含有高達30毫克的膽固醇。吃進過高的膽固醇含量和熱量，容易造成營養不平衡。

肉類吃得過多而蔬菜吃得少，維他命和膳食纖維的攝取量就會不夠。血液中的膽固醇含量過高，會沉積在血管壁上，讓血管變得狹窄，形成動脈粥狀硬化，引起血壓增高。長期吃這些高熱量、高脂肪的飲食，不但容易肥胖，還可能引發高血壓、血管阻塞、糖尿病、心臟病等。

便當裡的鹽分和油脂往往都會超標，而且綠色蔬菜量不足，缺乏維他命和纖維質，營養素嚴重不足。尤其是夏天，便當只要放在室溫下中

超過3小時就會變質，細菌大量繁殖，反而有害健康。這些營養不均衡可能會導致人體缺乏維他命A、維他命C、維他命D、維他命E和維他命B群，引起生理發生病變。

飲食調理

飲食上要注意豐富和變化性，足夠的肉類和奶類可以補充蛋白質和鐵質的不足。多吃蔬菜和水果可以補充維他命B群和維他命C。如果以麵食當午餐，最容易缺乏纖維素，一定要自備水果、乳酪等額外補充。吃完油炸食物後不妨喝一杯鮮榨柳橙汁清潔一下腸胃。最好吃些水果或新鮮的番茄、小黃瓜等補充維他命和纖維素。

基本原則是多攝取新鮮蔬菜、水果之外，每餐都要注意葷素搭配，主食類再配上湯或粥，這樣才有能量應付工作，也不會增加體重。很多女生喜歡吃杏仁、開心果、花生、瓜子等堅果類，這些食物含有豐富的蛋白質、碳水化合物和礦物質，但脂肪含量較高，不宜食用過多。

自製原味優格

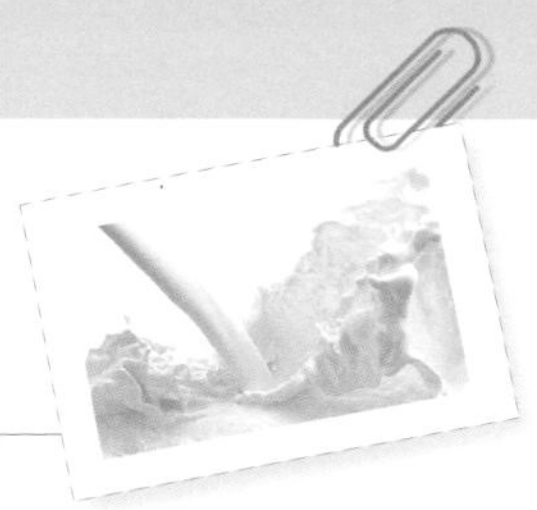

材料/INGREDIENTS

鮮奶500ml（當作菌種的原味優格或是優酪乳125ml）

做法/METHODS

1. 將玻璃杯和蓋子、湯匙等先用沸水煮15分鐘殺菌。
2. 將鮮奶倒入玻璃杯中，放入微波爐中加熱至40度，熱度約以手摸杯子不燙手就可以了。
3. 倒入優格或是優酪乳，用湯匙攪拌均勻後蓋上杯蓋。
4. 用毛巾將玻璃杯包好維持溫度，放入微溫的水中發酵，約12小時左右。
5. 每次食用時用湯匙舀取，喜歡吃甜食的人，可以加入糖或蜂蜜、果醬等。冷藏可以保存5天左右。

＊營養小辭典＊

優格含有豐富的優質蛋白質、鈣、胺基酸等。每天喝一些牛奶或優格，不但美容養顏，還能塑身減肥。

鰻魚山藥粥

材料/INGREDIENTS

鰻魚1條；山藥、白米各50公克；米酒、薑、蔥、食鹽各滴量。

做法/METHODS

1. 鰻魚剖開後去除內臟，洗淨、切片後放入碗中。
2. 碗中加入米酒、薑、蔥、食鹽拌勻，醃漬10分鐘去除腥味。
3. 鍋中放入鰻魚與山藥、白米、水一起煮成粥，每天吃1次即可。

＊營養小辭典＊

日本人相當推崇多吃鰻魚，它補血養氣、消除疲勞，豐富的高蛋白可以改善女性的虛寒。

運動員、服務業需要什麼？

☑維他命B群	動物性內臟、綠色蔬菜、穀類、B群補充劑等
☑維他命C	柑橘、柚子等大部分的水果、綠色蔬菜等
☑維他命E	食用油及玉米、大豆、全麥等未精製過的穀類
☑優質蛋白質	雞蛋、蝦、魚類、牛肉等

平常運動量大的人比運動量小的人，需要更多的的碳水化合物和蛋白質。運動員特別需要補充大量的營養素，因為經過長時間的運動，新陳代謝所產生的乳酸會在體內堆積，容易讓體液偏酸性，肌肉和關節易疲勞、痠痛，出現體力不支、食慾不振等情況。如果運動量大，體力得不到恢復，就會導致免疫系統衰弱，容易感冒等。如果在夏季運動量過大，則可能引起身體脫水、中暑。

運動員平常要注意補充維他命C、維他命E和B群。補充維他命C可增強免疫系統、維他命E可減少自由基對身體的損害；B群幫助碳水化合物、蛋白質和脂肪的代謝，加速轉換成能量、補充運動時消耗的體力、降低疲勞。此外，也可多喝含有鉀和鈉的飲品。

運動員比賽時最需要的就是能量，所以，應當多補充高能量食品。以高爾夫球運動而言，運動員需要長時間持續進行運動，可以在運動前攝取少量的葡萄糖、蔗糖、蜂蜜等，預防耐力的運動時可能引起的脫水症或是低血糖。運動後飲用運動飲料或可補充能量的飲料，或是含酸味的飲料、新鮮果汁等。

長時間站立要預防靜脈曲張

有一些工作需要長時間站立，像是銷售小姐、教師、百貨公司的電梯小姐等。由於長期站立會產生職業病，出現像是小腿痠麻、刺痛，有時會覺得皮膚搔癢等。甚至覺得腿部沉重，經常抽筋、肌肉痙攣或行動困難。

長久站立的重力會造成血液壓力較大，作用於靜脈瓣，長久下來，靜脈瓣功能容易受損，血液不能正常回流，容易出現靜脈曲張。此外，還會引起靜脈曲張性潰瘍、靜脈曲張性血栓性靜脈炎、靜脈結節破裂出血等併發症。

如果飲食中缺乏纖維素、維他命C、維他命E，就容易造成血液凝塊而阻礙血液循環。根據研究發現，經常站立會讓內分泌紊亂，站立時要把背脊挺直，縮腹提氣，不時地走動一下，最好可以走到有遮擋或別人不易注意的地方，做一做抬腿的動作。特別是老師們，如果要連續上兩節課，別忘了在課間和學生一起出去活動活動，或小坐片刻，這些都有助於預防靜脈曲張症的發生。

不要總用兩條腿一起支撐全身重量，可以適時分配重量，讓兩條腿輪流休息。或是踮起腳尖，讓腳後跟一起一落，或是做小腿往前踢的踢腿運動。這些動作都能引起小腿肌肉收縮，減少靜脈血液堆積。晚上休息時將腿墊高15公分左右，可促進腿部血液循環。睡覺前最好用熱水泡腳，以消除疲勞、幫助睡眠，更能活血化瘀。

游泳也是預防靜脈曲張的方式之一，因為游泳可以減輕肌肉壓力，水壓可增加血管彈性。晚上可多做腿部按摩，將兩手分別放在小腿兩側，由踝部向膝關節，揉搓小腿肌肉，幫助靜脈血液循環。

飲食調理

經常食用新鮮蔬菜、水果，及山楂、菠菜、紅豆等活血食材。牛肉、羊肉、雞肉等溫性食物，則可以溫通經絡。長期站立的人，如果腿部略微腫脹，做飯時不妨加點薏仁，因為薏仁可以利尿、消水腫。菠菜含大量的鐵及維他命B群，可以緩解疲勞、促進新陳代謝。堅果類則可以儘快恢復活力。休息時給自己泡上一杯香醇的紅茶，也具有提神的作用。

銀耳木瓜湯

材料/INGREDIENTS

木瓜一個；銀耳、薏仁各50公克；冰糖適量。

做法/METHODS

1. 木瓜去皮、去子，切成小塊；銀耳泡軟後去蒂、洗淨、切塊；薏仁洗淨、泡軟。
2. 將木瓜、銀耳、薏仁和冰糖一起放進大碗內，加入清水蓋過材料，加蓋後以電鍋燉1小時就好了。

＊營養小辭典＊

可選用未成熟的青木瓜、肉色淡黃，最適合煲湯，含有豐富的維他命和木瓜酵素。銀耳能增強人體免疫力，此道甜湯很適合服務業人員飲用，可以紓解疲勞、預防皮膚衰老。

百合杏仁粥

材料/INGREDIENTS

白米100公克；鮮百合50公克；南北杏仁10公克；白糖適量。

做法/METHODS

1. 鮮百合花瓣洗淨；杏仁用溫熱水泡軟。
2. 白米洗淨、放入鍋中加水煮至半熟，加入百合、杏仁煮成粥，加適量糖調味即可。

＊營養小辭典＊

此粥潤肺止咳，和胃調中。尤其是年輕運動員，營養方面有兩大目標：一、足夠的能量以滿足活動需要；二、足夠的營養素來促進成長。

電腦使用者、管理階層需要什麼？

維他命便利貼

☑ 維他命A	鰻魚、豬肝、南瓜、玉米、番薯、香蕉、芒果、蛋黃等
☑ 維他命B群	動物性內臟、綠色蔬菜、穀類、B群補充劑等
☑ 維他命C	柑橘、柚子等大部分的水果、綠色蔬菜等
☑ 維他命D	海魚類、動物肝臟、蛋黃、奶類、蕈類等
☑ 維他命E	食用油及玉米、大豆、全麥等未精製過的穀類

隨著科技的進步，電腦逐漸成為大家必備的工具。尤其是對上班族來說，每天都必須長時間的坐在電腦前，對皮膚造成極大的傷害。

根據研究報告指出，當螢幕的溫度上升後，就會開始散發出一種阻燃劑，這種物質被廣泛使用在電視、電腦螢幕中，是一種會導致皮膚過敏、搔癢、老化、斑點的物質。如果長時間近距離使用電腦，這些化學過敏原很容易附著在皮膚上，造成接觸性皮膚炎。尤其是暴露在衣服外的臉、手、頸部等，都容易患皮膚炎、青春痘、毛囊炎和斑點等。

長期使用電腦還會造成健康上的危害，如：視力下降、眼睛乾澀等。這是因為使用者眼睛長時間盯著螢幕。每次看電腦螢幕超過兩小時，就會造成眼部血液循環不良，導致眼睛乾澀。

長期從事打字工作或是電腦製圖的上班族，如果經常覺得自己的手腕處、手指關節處隱隱作痛，則可能是患了「腕管綜合症」。或是背部經常感覺麻木，也是背部組織受到損傷的預兆。

此外，電腦有電磁波的污染。電腦中的各種配件以及外部設備，像是印表機、掃描器等，都會發射無線電波。如果我們長期身處這些電磁波污染之中，就有可能引發白血病或是癌症等。

經常坐在電腦前的人，容易出現鼻黏膜乾燥、嘴唇乾裂、聲音沙啞、皮膚乾燥、眼睛乾澀、全身無力，甚至情緒煩躁的症狀。每天在電腦前，心肺活動本來就較低，加上房間氧氣少，導致免疫力下降，更容易感到疲勞。

醫生建議，儘量不要靠電腦太近，辦公室應該保持通風、乾爽，這樣才能讓有害物質儘快排出；同時，在電腦桌下放一盆水或是放一盆花草，也有助於減少輻射；勤洗臉也能防止輻射波對皮膚的刺激。

此外，要有良好的作息時間及固定的運動頻率，適量補充維他命。維他命A有助於補肝明目、緩解眼睛疲勞。可以多吃動物肝臟、魚肝油、蛋黃等富含維他命A的動物性食品，或是胡蘿蔔、番茄等β-胡蘿蔔素豐富的蔬菜。想擁有光滑白皙的肌膚，要多攝取含有維他命A、維他命C、維他命E及鋅的食物，如葡萄柚、草莓、檸檬、番茄、胡蘿蔔、南瓜等，多吃海鮮也可美容養顏。

用腦過度者，比較容易衰老

學習和思考是人們一輩子的功課，腦是人類神經活動、思想的中樞。經過廣泛的研究後發現，現代人因為不惜代價追求成功，承受的心理壓力過大，經常用腦過度，變得容易衰老。

老化最初的徵兆是記憶力衰退和情緒經常焦慮不安。尤其是30多

歲的階段，像是政界、管理階層經理級人士、電影和電視從業人員、醫生等族群，最有可能發生這種現象，而罹患心血管病的危險性也比其他人大。

腦力過度集中會讓思維變得複雜細微，細胞內物質和神經傳遞會消耗能量，加快代謝速度，大腦對各種營養素需求量增加。如果能靈活用腦，不僅能提高學習和工作效率，在事業和學業上也會更加成功。要保持清晰的頭腦要做到以下幾點：

（1）交替學習的科目。設定用腦時間，交替緊張和鬆弛的頻率。比如看書時可交替文科和理科的課程，讓大腦皮層中的刺激點可以交互作用，這樣大腦不但較不會疲勞，也能提高學習效率。

（2）妥善安排科目和時間。根據學科的不同特點，安排用腦時段。例如，早晨起床時，大腦的活動能力最強，記憶力最好，可安排一些需要記憶的科目。睡覺前可以背誦課文或是公式。

（3）規律運動及保持心情愉快。運動和娛樂活動對大腦來說都是一種積極的休息方式，能調節大腦的工作效率。另外，保持良好的情緒對大腦的健康也很有幫助。所以，健康的身體與良好的情緒是保持好頭腦的關鍵。

（4）充足的睡眠可以提高效率。長時間學習下，大腦皮層細胞會感到疲勞，而充足的睡眠可以消除疲勞、恢復腦力。15~20歲的青少年，每天至少要睡9~10個小時。最好可以午睡，讓腦細胞得到休息，這樣才有充沛的體力進行下午的學習。

（5）注意飲食的均衡。為了維持腦部功能，要多補充豐富蛋白質，增加腦部能量。如：黃豆、蛋黃內含有卵磷脂，有益於智力發展；蔬菜中更含有維他命能維持生理機能，如西洋芹所含的揮發油質能刺激神經系統，活化腦細胞，激發靈感和創新。

紫菜中含碘量豐富，能緩解心理緊張，改善精神狀態；菌菇類能清除體內垃圾，提供大腦氧氣；脂肪則是構成人體細胞的基本成分，如果攝取不足，就會引起腦部退化，所以早餐中必須含有蛋白質、脂肪；奶類含有豐富的鈣、磷、鐵、維他命A、維他命D、維他命B群等，可維護大腦的正常機能。

飲食調理

每天均衡飲食會為大腦和身體提供營養，下面建議的每日飲食菜單，可以讓你保持腦力充沛，提高工作和學習效率。

●早餐建議：

一日之計在於晨，早餐的重要性在於喚醒大腦活力。

菜單示範一：鮮奶1杯、全麥麵包1片、火腿炒蛋1份、涼拌黃瓜1份。

菜單示範二：紅豆粥1小碗、西洋芹炒豆干1份。

＊營養小辭典＊

五穀雜糧中含有豐富的維他命B群，和蛋白質一起供應腦部血液充分的能量。

●午餐建議：

增加優質蛋白質、不飽和脂肪酸、磷脂質、維他命A、維他命B群、維他命C及鐵等營養素。

菜單示範一：胡蘿蔔燉牛肉、清炒豌豆苗、饅頭1個。

菜單示範二：清蒸草蝦、香菇炒菜心、紫菜豆腐湯、白飯1碗。

＊營養小辭典＊

牛肉、豆腐都是蛋白質豐富的食品；草蝦含有豐富的不飽和脂肪酸，可提供大腦豐富的能量，讓人可以長時間集中精力；胡蘿蔔可加速大腦的新陳代謝，提高記憶力。

●晚餐建議：

晚餐要以安定寧神為主，調整大腦狀態，幫助情緒放鬆、休息。

菜單示範一：韭菜炒豬肝、肉絲炒萵苣、蓮子銀耳羹、白飯1碗。

菜單示範二：醋溜魚片、蒜炒花椰菜、豬血菠菜湯、小米粥1碗。

＊營養小辭典＊

動物肝臟含有豐富的卵磷脂；蝦類和深海魚類，如沙丁魚、鮪魚等，都含有DHA、EPA，可維持腦細胞的正常機能。小米、蓮子可以補血養心、補中益神、鎮定安眠，幫助大腦充分休息。

豬血菠菜湯

材料/INGREDIENTS

豬血、菠菜各500公克；鹽適量。

做法/METHODS

1. 將豬血洗淨，切成塊狀；菠菜洗淨，去除根部後切段。
2. 鍋中放入清水煮滾，放入切好的豬血、菠菜一起煮熟，加鹽調味即可。

＊營養小辭典＊

豬血性質溫平，可以軟化大腸中燥便，讓宿便易於排出體外。而豬血蛋白質豐富，經消化酶分解後，可幫助人體排去身體中的粉塵、有害金屬等。菠菜可養血、止血、清熱、潤燥的功效。

枸杞菊花茶

材料/INGREDIENTS

枸杞15公克；菊花10公克；綠茶茶葉5公克。

做法/METHODS

將枸杞、菊花與綠茶混合放入杯中，加入熱開水泡5分鐘後飲用。

＊營養小辭典＊

枸杞能滋養肝腎；菊花可以提神、明目、潤喉；綠茶則可以減輕電腦輻射的傷害。眼睛痠痛、身體機能減退者，或是平常經常使用電腦的上班族，都可以自製枸杞菊花茶飲用。

過敏體質者需要什麼？

維他命便利貼

☑維他命A	鰻魚、豬肝、南瓜、玉米、番薯、香蕉、芒果、蛋黃等
☑維他命B_6	動物性內臟、小麥麩、麥芽、黃豆、甘藍、燕麥、玉米、花生、核桃等
☑維他命C	柑橘、柚子等大部分的水果、綠色蔬菜等
☑維他命E	食用油及玉米、大豆、全麥等未精製過的穀類
☑優質蛋白質	雞蛋、蝦、魚類、牛肉等

在季節交換，溫度變化之際，某些特定的食物，如：藥品、化妝品等，可能會引起一部分人的過敏反應。過敏反應種類繁多，症狀也各自不同。根據追蹤，嬰幼兒早期如果補充太多種維他命，或是配方奶粉等，都比較容易得到食物過敏症。尤其是從3歲起就補充多種維他命的兒童，更容易對食物過敏。

很多過敏症狀的起因都是因為味精、食用色素、食品添加劑和防腐劑等。維他命導致體內細胞對某些過敏原產生反應，例如吃了某種食物後，突然發生噁心、腹痛和嘔吐的

症狀，或是全身長滿了大大小小的紅色皰疹，這就是食物過敏的典型症狀。

結腸過敏症是臨床上常見的一種腸道功能性疾病，特色是腸道壁無器質性病變、腸功能紊亂，由於腸道敏感痙攣而表現出一系列的症狀。結腸過敏症可能發生在任何年齡，與精神、飲食等有關。

過敏的族群中，大約有54%和46.6%的人對雞蛋和乳製品過敏。約81%的人過敏後，會出現紅疹、疲倦等症狀；超過70%的人因為過敏而導致感冒、脹氣和失眠。一旦食物引起過敏就要儘早到醫院進行診治，長期延誤病情可能引起慢性退化性疾病，例如關節炎、憂鬱症、高血壓、老年癡呆症、糖尿病、癌症等，女性還可能會因此導致不孕。

有過敏症狀的人必須嚴格地檢視現有的飲食內容，促進神經和內臟功能的調整和修復。首先生活必須規律，飲食上以清淡、容易消化的食物為主，避免刺激性食物及味道濃烈的調味品，如：辣椒、酒、芥末等。不吃生冷油膩的食物。不抽菸、喝酒。有便秘情形者，多吃高纖維的蔬菜、水果，養成定時排便的習慣。

過敏常是因為營養不均衡引起的。適當的戶外活動可以提高身體的抵抗力，防止過敏發生。預防重於治療，容易過敏的人應該從注意生活起居、調配飲食和進行適當的運動做起。在早春時節，氣溫比較寒冷，人體熱量消耗快速，耐力和抵抗力都比較弱，飲食上仍然以高熱量食物為主。除了多吃豆類及大豆製品之外，還可多吃糯米製品、芝麻粉、花生、核桃等食物。再增加優質蛋白質的補充，從雞蛋、蝦、魚類、牛肉等食物中攝取胺基酸，增強人體耐寒力。

此外，要攝取充足的維他命和礦物質。缺乏維他命B_6容易引起過敏，如蕁麻疹等。屬於過敏體質者，更需補充足夠的維他命B_6。日常食物中，黃豆就是很好的維他命B_6來源。

維他命E具有提高人體免疫力的能力，可以多吃富含維他命E的食物，如植物油、堅果、豆類等。維他命C可促進人體抗體的合成，所以要多吃柑橘類水果。

維他命A則可以保護和增強上呼吸道黏膜和呼吸道上皮細胞，進而抵抗各種致病因子的侵襲，富含維他命A的食物有胡蘿蔔等。豆類、穀類可補充充足的鈣質，輔助降低過敏性反應。

飲食調理

患有結腸過敏者，如果精神緊張、生氣、憂鬱，發生腹痛、腹瀉並伴有胸部悶脹、少食，可以用黨參、白術、雲苓、白芍、防風、青皮、柴胡、枳實、甘草等，以水煎服，早晚一次。這個藥方對腸道過敏症具有良好療效，只要服用2~4劑就可以控制病情。根據研究發現，雞蛋、乳製品、腰果、香蕉和芝麻這五種食物最容易引起身體過敏。

理論上來說，只要是含有蛋白質的食物就有可能造成過敏。小麥、花生、醬油、堅果類、魚類及甲殼類食物也都是常見的食物過敏原。

豬尾鳳爪香菇湯

材料/INGREDIENTS

豬尾1支；鳳爪3支；香菇3朵；清水6碗；鹽適量。

做法/METHODS

1. 香菇泡軟，去蒂、切片；鳳爪洗淨，切除趾尖。
2. 豬尾切塊，放入滾水中汆燙後撈起。
3. 將全部材料一起放鍋中，加入清水大火燒開改為小火燉煮1小時，再加鹽調味即可。

＊營養小辭典＊

豬尾、鳳爪、香菇都含有豐富的維他命，尤其是維他命A、維他命B_1、維他命B_2以及豐富的膠質、蛋白質、脂肪、鈣、磷、鐵等。此道湯品具有潤膚、養顏、補脾的作用。

素食、偏肉食者各需什麼？

（素食者適用）

營養素	食物來源
☑維他命B_{12}	雞蛋、全麥、糙米、海藻。中草藥如：當歸、明日葉、康復力等
☑優質蛋白質	豆類、穀類、奶類
☑油脂	腰果、杏仁等乾果類
☑鐵	全麥麵包、豆類、堅果、芝麻
☑鈣	乾酪、優酪乳及其他乳製品等
☑鋅	綠色蔬菜、穀類胚芽、堅果、乾果以及豆腐

吃素現在已經成為一種備受重視的飲食習慣了，形成了一股潮流。許多人堅信素食具有高度營養價值，是遠離疾病、保持健康、美容養身的自然療法。國際素食協會對素食主義的定義是：「戒食肉、家禽、魚及其副食品的行為，有時也戒食奶製品和蛋類。」因此，素食主義者大多是吃植物性食品，或是天然的食物，主要為蔬菜、水果和豆製品等。

素食的營養比較容易被人體所消化、吸收。吃素還可以減少身體吸收動物毒素，以及延緩衰老，讓人心平氣和、頭腦清醒。素食者的血液較不容易堆積膽固醇，可提高腦細胞的效率。素食者一樣有體力可以長時間工作，在許多世界紀錄中，有多項記錄都是由素食運動員所創立和保持的。

不吃肉，可以降低體內膽固醇含量，以預防罹患循環系統的疾病，如：心臟病、中風；以及排泄系統的疾病，如：便秘、尿毒症、痔瘡、盲腸炎等。

許多人堅信吃素可以延年益壽。其實長期茹素容易營養不均衡。

吃素容易飢餓，這是因為纖維質比較容易被腸胃所消化、吸收。長期吃素容易缺乏動物蛋白質中含有的必需胺基酸。蔬菜中含有豐富的維他命、鹽類和有機酸，但是蛋白質含量低，脂肪含量也極少，最重要的是缺少造血的微量元素鈷、錳、鐵和銅等。

長期素食者，因為蛋白質得不到充分供給，造成人體的營養失衡，可能造成記憶力下降、精神萎靡、反應遲鈍、抵抗力降低，還容易衰老。根據臨床醫學證明，蛋白質不足是引起消化道腫瘤和胃癌的重要因素。

所以長期素食者必須確認每日飲食中是否含有蛋白質、維他命B12、鈣、鐵及鋅等，這些都是身體必需的基本營養素，要選擇多樣化的菜色，才能維持健康。

素食者的飲食調理

優質蛋白質主要從豆類、穀類、奶類中攝取；腰果、杏仁等核果類含有的豐富油脂可以補充人體所需熱量；富含鐵質的素食食品有全麥麵包、豆類、堅果、芝麻等；牛奶、乾酪、優酪乳及其他乳製品都是極好的鈣質來源；綠色的蔬菜、穀類胚芽、堅果、乾果以及豆腐可提高體內鋅的含量；雞蛋富含維他命B_{12}，如果連雞蛋也拒絕的素食者，應該從優酪乳以及豆腐乳等，經發酵過的食品中補充。

肉類食材要注意烹調方式

肉類食物中含有豐富的蛋白質、維他命A、E等，蛋白質由多種胺基酸組成。而動物性食材包括魚、家禽（雞、鴨、鵝）以及家畜（豬、牛、羊）等，這些都為優質蛋白質，是脂溶性維他命和礦物質的良好來源。

動物性蛋白質的胺基酸組成比較適合人體所需。但是肉類中的油脂屬於高熱量、高脂肪，攝取過多往往會造成肥胖，也是慢性病的危險因子。

肉類在體內被消化分解後，會分離出氯、硫、磷等酸性離子，所以，經常大量吃肉容易使人的體質變成酸性，抵抗力會降低。此外，大量的肉食還會加重腎臟、肝臟等排毒器官的負擔，讓人容易生病、衰老。

人類屬於「食物鏈的最末端」。植物吸收陽光、空氣、水而成長，動物吃植物，大動物吃小動物，而人類吃動物的肉，形成一個食物鏈。現代的農田和果園，大多會噴灑有毒的農藥來殺滅害蟲，這些農藥有可能會轉移到動物體內，永久存在於脂肪之中，最後，人類就成為農藥殘毒的保存者。

肉類食物中含有大量的尿素和尿酸，為了排除這些氮化合物，肉食者的腎臟的負擔比素食者大3倍。因此，長期吃過量的肉會導致腎功能退化、腎臟病、尿毒症等疾病。當腎臟無法排除過量的氮化合物時，尿素和尿酸就堆積在身體內，被各部分肌肉吸收、變硬、形成結晶，停留在骨骼關節，引起關節炎、痛風、風濕病等。

適當烹調可減少膽固醇

喜歡吃肉的人要特別注意烹飪方式，講究葷素搭配，使用蔬菜和肉類搭配烹煮可以降低肉食中的膽固醇。例如：海帶加上豬肉、辣椒一起煮，黃豆和豬腳一起燉等。黃豆中的卵磷脂可降低體內膽固醇含量，辣椒中的辣椒素和海帶中的多種礦物質都可以減肥。這樣的葷素搭配不但讓味道更鮮美，還能讓肥肉不油不膩。根據研究發現，用小火慢慢燉煮，可以讓肉裡面的飽和脂肪酸減少30%，甚至更多，明顯降低膽固醇含量，最適合老人家食用。

肉食者的飲食調理

拌炒、燉煮肉類時，可以加入生薑片、大蒜，不但能增加香味，而且還能降低肉食者血中膽固醇含量。生薑中的類水楊酸成分具有防止血液凝固的作用，可預防心臟、腦血管疾病。新鮮薑汁還可抑制癌細胞生長，是一種強抗癌食品。中醫認為花椒屬於溫性食品，具有健胃、除濕、去腥的功效，並能增進食慾。

肉片切片或是切塊，加入適量的太白粉拌勻，靜置二十幾分鐘後再下鍋炒。或是用啤酒加麵粉調成麵糊，裹在肉片外面再炒，肉片會更鮮嫩爽口。也可以在肉片中加入適量蛋白，靜置30分鐘後再炒，肉質也會鮮嫩潤滑。解凍肉類時可以用高濃度鹽水，比較不會讓肉中水分流失。

金銀豆腐（素食）

材料/INGREDIENTS

嫩豆腐150公克；油豆腐100公克；草菇20個；三色蔬菜15公克；醬油15公克；砂糖4公克；太白粉、香油、蔥花各少許。

做法/METHODS

1. 嫩豆腐與油豆腐均切成2cm立方小塊。
2. 鍋中倒入適量清水煮滾後加入豆腐塊、草菇、三色蔬菜、醬油、砂糖等，一起煮12分鐘。
3. 太白粉加水調勻，倒入湯中勾芡，盛入盤中，淋上香油，表面撒上蔥花即可。

＊營養小辭典＊

豆腐含有多種人體必需胺基酸，還有動物性食物缺乏的不飽和脂肪酸，具有益氣、補虛等功效。

北杏參鴨湯

材料/INGREDIENTS

老鴨1隻；北杏仁12公克；黨參30公克；熟地黃30公克；川貝母12公克；生薑3片。

做法/METHODS

1. 將黨參、川貝母、熟地黃、北杏仁均洗淨備用；老鴨洗淨、切塊，先放入滾水中汆燙去血水。
2. 鍋中放入適量清水煮滾後放入全部材料，大火煮滾後，轉小火煲煮3小時即可。

＊營養小辭典＊

北杏仁性味苦辛、微溫質潤，有止咳平喘、宣降肺氣的作用；川貝母性味甘、微寒，能潤肺化痰；黨參性味甘平、質潤，不燥不膩，能健脾、益氣、生津；這道湯可滋腎陰、清熱、潤肺、止咳等。

瘦身減肥者需要什麼？

☑維他命A	鰻魚、豬肝、南瓜、玉米、番薯、香蕉、芒果、蛋黃等
☑維他命B群	動物性內臟、綠色蔬菜、穀類、B群補充劑等
☑維他命D	海魚類、動物肝臟、蛋黃、奶類、蕈類等
☑鈣	乾乳酪、優格及其他乳製品等

近年來，飲食西化、脂肪攝入過量及三餐不均衡，加上運動量的減少，導致肥胖發生率逐年增高，肥胖對人們健康的危害也日益凸顯。兒童肥胖的問題更加嚴重，可能導致營養不均衡、骨骼發育不良、學習能力下降等；成人肥胖則帶來各種慢性病，如：高脂血症、高血壓病、糖尿病、脂肪肝、膽結石、結腸癌等。減肥逐漸成為備受關注的議題。

大多數的減肥者都是長期不吃油脂、肉類等。這種控制飲食的減肥方法雖然比較有效，但也造成維他命A、D、E、K等脂溶性維他命的攝取不足。維他命A可以抗氧化，並有助於眼部及皮膚健康；維他命D能促進鈣質的吸收和利用，有利骨骼發育；維他命E有助於延緩細胞老化，並有「血管清道夫」的作用；而維他命K具有凝血功能。

專家認為，正確的減肥方法是在每日膳食外，補充多種複合配方的維他命、礦物質等，以滿足人體對於脂溶性維他命的需求。

從事大量運動容易造成水溶性維他命和礦物質流失。流汗的同時也會帶走大量水溶性維他命和礦物質。過多的運動量會加速人體新陳代謝，造成維他命缺乏。專家建議，運動時每天都必須及時補充維他命、礦物質，讓人體機能處在比較好的狀態。

維他命B_1可以當作輔酶，參與能量和醣類代謝。維他命B_2可幫助脂肪代謝。而維他命B_{12}則參與代謝脂肪酸，讓脂肪、蛋白質在身體中被消化利用。而且各種維他命、礦物質間會互相結合，必須均衡攝取才會有效。

時下相當流行減肥藥、減肥茶等。很多人認為服用減肥藥、減肥茶，就不需要忍受節食的痛苦，也不需要大量的運動。事實上，減肥藥的作用機制就是抑制食慾，或控制油脂的吸收量，加上腹瀉會阻礙各種維他命、礦物質的吸收、利用，導致營養不均衡。多數減肥藥的說明書上會建議服用者注意補充維他命、礦物質錠劑等。

經過日本教授研究指出：維他命A、D可以控制脂肪細胞量的增加，進而預防肥胖。而補充鈣質也能減肥，因人體血鈣升高後會增加一種稱為降鈣素的荷爾蒙分泌，而這種荷爾蒙可以抑制食慾，減少進食量。此外，足夠的鈣離子在腸道中能與食物中的脂肪酸、膽固醇結合，阻斷腸道對脂肪的吸收，讓脂肪隨糞便排出，而達到減肥的效果。

在減肥過程中，如果沒有補充維他命則容易出現疲勞、頭暈等現象，因為營養素的不足而有害健康。

涼拌苦瓜

材料/INGREDIENTS

苦瓜2個；香油、醬油、食鹽、辣椒絲、蒜泥各適量。

做法/METHODS

1. 苦瓜剖半、去子、洗淨，切成條，放入滾水中汆燙一下、撈起，再放入冷開水中漂洗、撈出，瀝乾。
2. 在苦瓜中加入辣椒絲、食鹽稍醃，再放入冷開水中浸洗後撈出。
3. 加入醬油、蒜泥和香油拌勻即可。

＊營養小辭典＊

苦瓜有豐富的維他命B群、維他命C、鈣、鐵等，並含有大量的清脂素[備註1]最適合減肥族食用。

備註1 清脂素：可以直接作用於人體吸收脂肪最重要部位—小腸細胞膜網孔，阻斷小腸對脂肪、多醣類、高熱量物質的吸收，加速消耗體內積存的脂肪。

蘿蔔瘦肉湯

材料/INGREDIENTS

白蘿蔔、胡蘿蔔各1/2個；蜜棗5個；豬瘦肉300公克；陳皮少許。

做法/METHODS

1. 白、胡蘿蔔洗淨、削皮，切成塊狀；蜜棗洗淨、去核、稍微浸泡；瘦肉洗淨；陳皮洗淨、稍微浸泡。
2. 鍋中加水煮滾，將所有材料放入，煮滾後改轉小火，煲煮3小時左右即可。

＊營養小辭典＊

瘦肉沒有脂肪，屬於優質蛋白質，提供人體豐富的營養和熱量；蘿蔔可消脂、解膩、化痰。這是減肥者的最佳湯品。

孕婦需要什麼？

☑維他命A	鰻魚、豬肝、南瓜、玉米、番薯、香蕉、芒果、蛋黃等
☑維他命B群	動物性內臟、綠色蔬菜、穀類、B群補充劑等
☑維他命C	柑橘、柚子等大部分的水果、綠色蔬菜等
☑維他命D	海魚類、動物肝臟、蛋黃、奶類、蕈類等

對孕育著新生命的孕婦來說，每一天都是新鮮、幸福的。同時，每天都必須注意補充營養，因為，小寶寶正依賴著媽媽體內的血液循環來攝取氧氣和營養。孕婦的營養也等於是寶寶的營養。如果孕婦缺乏營養，寶寶的代謝物質不足就會影響生長。但是孕婦到底需要哪些營養呢？

說到補充營養，人們總會想到雞肉、豬肉、魚肉、醣類和高蛋白、高熱量的食品。其實維他命也是維持生命不可缺少物質。缺乏維他命A會影響寶寶視覺器官的發育，讓寶寶的眼球不可逆轉的軟化，還會導致寶寶出現肺不張、膀胱黏膜上皮病變，甚至抑制皮膚、肌肉、骨骼以至腦細胞的生長，造成多種異常、畸形。

維他命B群是人體細胞代謝重要的輔酶，缺少維他命B群則體內多種組織難以形成。如：紅血球的形成出現障礙，可能導致孕婦和寶寶貧血。還會讓孕婦出現周圍神經炎、腹瀉、感覺遲鈍、食慾差等症狀，影響營養的攝取，引起寶寶發育受阻或出生後智力不佳。

維他命C是細胞之間的黏合物，對鐵的吸收和運用有重要作用，還能啟動白血球的吞噬功能，增加抵抗力。如果嚴重缺乏，微細血管壁的黏著力就會變差，容易發生多處部位出血，可能危害寶寶。維他命D是控制鈣化的激素，和骨骼的生長息息相關，缺乏時會影響寶寶的骨質結構和生長速度，骨脆易斷，導致以後牙齒發育不良。

維他命B_4的攝取量影響寶寶的大腦發育。儘管人體可以合成維他命B_4，但由於女性在孕期、哺乳期對維他命B_4的需求量會增加，應該多吃含維他命B_4的食物來額外補充，有利於孩子的腦部發育，增強其記憶力。可多吃蛋黃、肝臟、苜蓿芽、豆類、穀類及馬鈴薯等食物。

孕婦除了必須補充足夠的蛋白質、脂肪和醣類食物外，還要多吃富含維他命的食物。像是魚肝油、動物肝臟、乳、蛋等，都含有大量維他命A和維他命D。而維他命B群和維他命C等水溶性維他命，則多存在於五穀雜糧中。水果也是水溶性維他命的重要來源。適時曬曬太陽，陽光中的紫外線不但具有殺菌的作用，還能促進人體合成維他命D。但是要注意維他命A和維他命D攝取過多，可能會造成寶寶的心肺發育異常，甚至影響大腦的正常發育，使孩子將來智力低下。

根莖類和綠色蔬菜的纖維質含量相當多。而水果營養豐富，例如，蘋果中含細纖維素，而芹菜富含粗纖維素；山楂含有可以降血脂、降血壓、擴張血管的特殊成分；芭樂具有止瀉的作用，但過量會導致便秘；莧菜富含鉀、鈣、胡蘿蔔素、維他命K等；而奇異果的維他命C含量最高。所以，為孕婦選購食品時，要搭配多種水果及蔬菜，葷素及顏色的協調。

飲食調理

適合孕婦食用的水果有：

（1）水梨——性寒、味甘微酸，可以清熱利尿、潤喉降壓、清心潤肺、鎮咳祛痰、止渴生津等。可治療妊娠水腫及妊娠高血壓，預防肺部感染及肝炎。

（2）柿子——汁多味甘，是一種物美價廉的水果。性寒，有清熱、潤肺、生津、止渴、鎮咳、祛痰等功效。適合用來治療高血壓、動脈硬化、痔瘡便血、大便秘結等症狀。但柿子具有澀味，吃多了會感到口澀舌麻。其收斂作用很強，過多會引起大便乾燥。遇酸凝集成塊，與蛋白質結合後產生沉澱。因此，最多以一餐一個為宜。

（3）無花果——富含多種胺基酸、有機酸、鎂、錳、銅、鋅、硼及維他命等營養。它味甘酸、性平，有清熱解毒、止瀉通乳之功效，尤其對於痔瘡便血、脾虛腹瀉、咽喉疼痛、乳汁乾枯等，療效顯著。

（4）柑橘——柑橘品種繁多，有甜橙、茂谷柑、蜜橘、柚子等，都富含檸檬酸、碳水化合物、脂肪、多種維他命、鈣、磷、鐵等，是孕婦喜歡吃的水果。維他命B_1的含量較高。

柑橘中的礦物質以鈣含量最高，磷的含量也很高，但食用過量反而對身體無補，容易引起燥熱而使人上火，發生口角炎、咽喉炎等。如果一次或者多次大量食用，身體內的胡蘿蔔素會明顯增多，肝臟來不及把胡蘿蔔素轉化為維他命A，會出現噁心、嘔吐症狀。每天吃柑橘不應該超過3個，總重量控制在250公克以內。

整體來說，吃蔬果應該遵循時令，而且多樣化地選擇新鮮蔬果。水果每餐1~3個，蔬菜每日攝入量400公克左右，其中綠色蔬菜應該占一半。

海帶燒黃豆

材料/INGREDIENTS

黃豆、海帶各100公克；乾香菇25公克；醬油、紅糖、辣椒片各適量。

做法/METHODS

1. 將黃豆洗淨、泡在溫水中3小時左右、撈起；香菇泡軟、瀝乾。
2. 將黃豆和香菇放入鍋內，加入清水蓋過食材後煮滾，轉小火燉煮；將海帶泡開，切成小段，放入鍋中一起燉煮。
3. 加入適量醬油、紅糖、辣椒，一起煮至水稍微收乾即可。

＊營養小辭典＊

黃豆富含優質蛋白質；海帶富含鉀、碘等微量元素，適合孕婦補充營養。

荷葉鯽魚

材料/INGREDIENTS

鯽魚1隻；荷葉2張；豬油、米酒、食鹽、醬油、辣椒油、花椒粉、香油、蔥花、薑末、太白粉各適量。

做法/METHODS

1. 將魚洗淨，除去頭部後切成塊；荷葉洗淨。
2. 將荷葉平鋪在蒸籠上，加入調味料、太白粉及蔥花、薑末，拌勻後放在荷葉上，上面再蓋一張荷葉，用大火滾水蒸15分鐘即可。

＊營養小辭典＊

鯽魚營養豐富，含有蛋白質、脂肪、磷、鈣、鐵、維他命A、維他命B群等，肉質細嫩，滋味鮮美。有補氣活血、瀉火解毒、健脾開胃的作用。適用於孕婦晚期補虛養身、調理氣血、健脾開胃、營養不良的調理。

哺乳期媽媽需要什麼？

維他命便利貼

☑維他命A	鰻魚、豬肝、南瓜、玉米、香蕉、芒果、蛋黃等
☑維他命B_4	豆製品、蝦、沙丁魚、菠菜、魷魚、蘑菇等
☑維他命B_1、B_3	豬瘦肉、牛瘦肉、魚類、豬肝、蛋黃等
☑維他命C	柑橘、柚子等大部分的水果、綠色蔬菜等
☑必需脂肪酸	植物油和魚類、油菜、核桃、大豆等
☑鐵	豆類和乾果類，如：大豆、豆腐、核桃、乾杏仁等
☑鈣	海魚類、動物肝臟、蛋黃、奶類、蕈類等
☑鎂	小米、燕麥、大麥、小麥和豆類等

哺乳期一般多會持續10個月左右。哺乳期的飲食，對媽媽和寶寶的健康來說非常重要，不但要滿足自己的營養需求，還要供給寶寶生長發育所必需的所有營養成分。

哺乳期的媽媽要增加熱量及各種營養物質的攝取，做到飲食充足而且營養均衡。否則，不但媽媽會不健康，更會讓乳汁分泌量大為減少，影響寶寶的生長發育。那麼，如何做到均衡又補充營養呢？

維他命B_4對寶寶腦部的發育很重要，女性在孕期及哺乳期都應適量補充，可多吃含有維他命B_4含量高的食品，如：豆製品、蝦、沙丁魚、菠菜、黑木耳、魷魚、蘑菇等。

維他命A能促進嬰兒骨質組織的生長，缺乏時會引起小兒夜盲症，可多吃富含於動物的肝臟以及蛋黃、胡蘿蔔等。維他命B_1和維他命B_3是人體細胞運行必不可少的營養素，會影響嬰兒的生長發育，瘦豬肉、瘦牛肉、魚類等含量較多。維他命C能促進嬰兒的骨骼發育，缺乏時嬰兒會全身出血，所以哺乳期女性宜多吃一些新鮮的水果和蔬菜，還可防止哺乳期便秘。

缺鐵容易引起貧血，而孕婦在生產時已經大量失血了，更需多補充鐵質。豆類和乾果類中的鐵質比較容易被人體吸收，可多吃一些黃豆、豆腐、核桃、乾杏仁等。

鈣能促進寶寶的骨骼和牙齒形成，但母體內的鈣質容易流失。哺乳期女性每天需攝取1100毫克左右的鈣質。可以每天喝兩杯牛奶，多吃一些綠色蔬菜、優格、瘦肉、乾奶酪等。缺鎂會引起精神不振、肌肉無力，還會引起嬰兒驚厥。所以哺乳期女性宜多吃一些含鎂的食物，如：小米、燕麥、大麥、小麥和豆類等。

必需脂肪酸可促進嬰兒的腦部發育。植物油和魚類中都含有大量的脂肪酸，日常飲食中宜多吃一些油菜、核桃、大豆、魚類等。哺乳期不要吃半熟的食品，也不能食用含有防腐劑的食品及飲料，這些食物會危害寶寶健康。多喝湯品，如肉湯、大骨湯、雞湯、魚湯和粥類，以促進乳汁分泌。

飲食調理

飲食烹調方式多以煮和燉為主，少用油炸。可搭配一些新鮮的果汁飲用，如：柳橙汁、蘋果汁等。一定要遠離菸、酒，以免影響寶寶健康。哺乳期產婦生病，一定要在醫生指導下用藥。

此外，餵哺母乳的媽媽每天會流失約1000毫升的水分，水分不足會讓母乳量減少。因此，哺乳期女性每天至少飲用8杯水（約2000毫升），以滿足母乳的供應及自身的需求。

花生燉豬腳

材料/INGREDIENTS

豬腳1隻；食鹽、花生仁適量。

做法/METHODS

1. 將豬腳去除雜毛，洗淨、切成大塊，放入滾水中汆燙、撈起。
2. 鍋中加入適量清水煮滾，放入豬腳、花生仁，轉小火將豬腳燉爛，加入食鹽調味即可。

＊營養小辭典＊

豬腳可以選用膠質多的大腿肉，含蛋白質、脂肪、碳水化合物等營養素，具有補血益氣、通乳的作用。適合產後體虛貧血、乳汁少的女性食用。

更年期女性需要什麼？

☑優質蛋白質　豆類、穀類、奶類等

☑大豆異黃酮　乳類、蛋類、黃豆等

☑鈣　乾乳酪、優格及其他乳製品等

有時候我們遇到發脾氣的女主管、女同事或家人，多半會嘀咕一句：「更年期到啦。」當然，這只是開玩笑。但是從醫學角度來看，更年期是人生中一個特別的轉換時期，也就是所謂的退行性改變時期。是指月經完全停止前數月至完全無月經的一段時間，多半會發生在女性45~55歲之間。

更年期的具體症狀為：心臟、腦血管系統、神經系統、泌尿生殖系統、骨骼肌肉系統、消化功能系統和皮膚黏膜系統的生理紊亂。表現症狀包括：潮熱、出汗、呼吸短促、胸悶不適、眩暈、耳鳴、眼花、情緒波動、煩躁不安、消沉抑鬱，也可能容易罹患陰道炎、尿道炎、水腫、胃脹不適、腹脹、腹瀉、便秘等，臉上可能會慢慢長出皺紋、老年斑。

更年期的異常心理狀態，與本人原來的個性、體質、社會地位、情緒性格和心理平衡狀態有關，和經期的結束更有關，平常就要重視這些異常的精神心理現象，症狀嚴重者應該請醫生協助治療。

更年期的女性精神上要保持樂觀，對生活充滿信心和夢想。注重飲食搭配可以減輕更年期的不適。人體的生理機能運作必須依靠六種營養素來維持，也就是蛋白質、脂肪、醣類、維他命、無機鹽和水。

飲食調理

女性進入更年期以後，更要注意均衡營養，多攝取一些乳類、蛋類、大豆製品、新鮮蔬菜、水果及魚類、海帶等。注意三餐定食定量，不要吃過飽。醣類和動物脂肪不可攝取過多，會導致身材過胖，加重心臟負擔，並易發生動脈粥狀硬化。少吃動物脂肪含量高或過鹹的食物，不要碰菸、酒、咖啡等。

多吃各種蔬菜和五穀雜糧，可以補充各種維他命，滿足人體需要。除了多吃綠色蔬菜之外，還要吃紅色蔬菜、黃色蔬菜、紫色蔬菜，維持營養均衡。可以多吃魚，魚肉蛋白質消化吸收率較高，而且含有較多的鈣、磷及維他命A、維他命B_1、維他命B_2、維他命D等，可預防更年期的煩躁不安、體力下降、注意力不集中。

麻婆豆腐

材料/INGREDIENTS

嫩豆腐1塊；豬肉末50公克；豆瓣醬、太白粉、蒜末、花椒粒、蔥花、花椒粉、胡椒粉、沙拉油各適量。

做法/METHODS

1. 將豆腐洗淨、切成小方塊，備用；太白粉加水調勻。
2. 在炒鍋內放入少量油燒熱，放入豆瓣醬、肉末炒香，加入清水煮開，再放入切好的豆腐，和其他調味料拌勻；煮幾分鐘入味後，再加入蒜末。
3. 大火煮滾，一邊倒入攪勻的太白粉水一邊攪拌；最後灑上蔥末拌勻即可盛盤。

＊營養小辭典＊

豆腐含有大量的雌激素，女性多吃豆腐有助於緩解更年期症候群。

百合甜粥

材料/INGREDIENTS

百合300公克；糯米50公克；冰糖適量。

做法/METHODS

1. 百合、糯米均洗淨，一起放入沙鍋中，煮成粥。
2. 加入冰糖調味即可。

＊營養小辭典＊

可以當早、晚餐或點心，溫熱著吃最好，大約吃20天即可潤肺止咳、寧心安神，能舒緩病後精神恍惚、心神不安及婦女更年期等症狀。

嬰幼兒需要什麼？

☑ 維他命C	柑橘、柚子等大部分的水果、綠色蔬菜等
☑ 維他命A、D	魚肝油
☑ 鈣	乳製品、鈣片等

嬰幼兒是人體生長發育最迅速的時期。人在不同時期需要加強不同的維他命，用來促進發育、保護器官，順利度過每一個成長階段。

在嬰幼兒發育時期，維他命C是人體必需的營養素之一，它與嬰幼兒的健康成長關係密切。維他命C可以促進膠原形成、骨骼的發育，健全牙齒、骨骼生長、預防貧血。維他命C缺乏時會影響膠原蛋白合成，讓血管脆弱而造成不同程度的出血。維他命C對維持骨骼的正常發育也非常重要，缺乏維他命C可能造成缺牙，它能促進鐵的吸收及利用，預防和治療嬰幼兒缺鐵性貧血。

嬰幼兒快速生長發育時期，對維他命C的需求量要求較高。寶寶的

骨骼生長快速，補充鈣、維他命D可預防佝僂症。它廣泛存在於水果、蔬菜中，又以柑橘類及綠色蔬菜含量較多。維他命C易溶於水，切、洗菜時容易流失，蔬果經長時間儲存，或是用銅質炊具去烹調，也會造成散失。

飲食調理

餵哺母乳的寶寶滿4個月以前，不需要增加任何營養素，因為母乳中所含的營養成分可完全滿足。但是許多孕婦本身就缺鈣，必須多吃些含鈣多的食物，如：海帶、蝦皮、豆製品、芝麻醬、牛奶等，同時，多曬太陽也可促進鈣的吸收。

如果母乳不缺鈣，餵母乳的寶寶3個月內可以不吃鈣片，但出生3周後要開始補充魚肝油，尤其是冬季出生的嬰兒。

餵配方奶的寶寶要在出生兩周後開始補充魚肝油和鈣。魚肝油中含有豐富的維他命A和維他命D，剛開始可每日補充口服液1次，每次2滴。如果嬰兒的消化狀況、食慾、大小便等都沒有異常，逐漸增加到每日2次，每次2~3滴，平均每日5~6滴；尤其是早產兒更要足量補充。但維他命A和維他命D的補充也不能過量，否則會導致中毒。

紅蘿蔔馬鈴薯粥

材料/INGREDIENTS

白米2大匙；馬鈴薯、胡蘿蔔各1/2個；食鹽適量。

做法/METHODS

1. 將白米洗淨、浸泡20分鐘；馬鈴薯和胡蘿蔔洗淨、削皮後切成小塊。
2. 將白米和切好的胡蘿蔔、馬鈴薯放入鍋中，加適量的水煮滾，將所有的材料煮軟，最後加入鹽調味即可。

＊營養小辭典＊

這道粥不但營養豐富，可以滿足寶寶身體發育的需要。還具有幫助消化，滋潤喉嚨的功效。

菠菜小銀魚麵

材料/INGREDIENTS

麵條1小份；菠菜50公克；小銀魚20公克；雞蛋1個。

做法/METHODS

1. 將菠菜洗淨，去根、切2~3cm段；銀魚洗淨。
2. 麵條切小段，和菠菜、小銀魚一起放入滾水中煮滾。
2. 雞蛋打散，慢慢倒入沸騰的鍋中，煮約3分鐘至麵條軟爛，加鹽適量調味即可。

＊營養小辭典＊

銀魚肉嫩味鮮容易消化，是高蛋白、低脂肪的食材，和菠菜、麵條一起吃可提供嬰幼兒豐富的營養。

青春期需要什麼？

☑維他命A	鰻魚、豬肝、南瓜、玉米、番薯、香蕉、芒果、蛋黃等
☑維他命B_4	豆製品、蝦、沙丁魚、菠菜、黑木耳、魷魚、蘑菇等
☑維他命B_1	豬瘦肉、牛瘦肉、魚類等
☑維他命B_2	動物的內臟、蛋、乳、螃蟹、鱔魚、綠色蔬菜、紫菜、香菇、豆類
☑維他命C	柑橘、柚子等大部分的水果、綠色蔬菜等
☑鈣、磷	蝦米、黃豆、豆製品、蛋黃、乳製品、魚類、肉類、海帶、五穀雜糧等
☑碘	海帶、紫菜、蛤蜊、海蜇皮、龍蝦、白帶魚等

青春期的孩子，身體的生長速度在人的一生中僅次於嬰兒期。除了身高、體重的急驟增加之外，最明顯的是生殖系統的成熟和第二性徵的發育，需要足夠的熱量及營養素供給成長與活動所需。

青春期是成長的關鍵時期，必須攝取全面充足的蛋白質、脂肪、醣類、維他命、礦物質、水等，才能讓身體充分的發育。那麼，青春期要注意哪些營養的攝取呢？

青春期的飲食規劃上，最重要的是要全面供給營養，以滿足生理需要。所以，青少年每天餐飲規劃要注重多樣化，所有種類的食材都要搭配適當。

礦物質又稱為無機鹽，對於青春期的中學生比對成年人更重要。鈣和磷是構成人體骨骼和牙齒的重要材料。想要未來有健壯的骨骼和整齊的牙齒，就必須多吃鈣、磷含量多的食物，像是蝦米、黃豆、豆製品、蛋黃、乳製品、魚類、肉類、海帶、五穀雜糧等。

如果體內鐵供應不足，則可能發生貧血。缺乏碘就會影響人體甲狀腺的分泌，而人體的新陳代謝需要有足夠的甲狀腺素。因此青春期的日常食品中應包括含碘多的食物，如：海帶、紫菜、蛤蜊、海蜇皮、龍蝦、白帶魚等。如果缺乏鋅，青少年的生長和發育就會停滯，出現食慾不振，味覺、嗅覺異常等現象。鋅主要存在於肉類、魚類和海產中，因此，青春期的營養食譜應適當增加這類食物。

青春期對維他命的需求特別重要，特別是維他命A、維他命B_1、維他命B_2和維他命C等，更是身體不可缺少的。缺乏維他命A會影響視力；缺乏維他命B_1會讓食慾減退，注意力不集中；缺乏維他命B_2則身體的代謝將失調；而維他命C能增強人體抵抗力。蛋白質是構成與修補肌肉、血液、骨骼及身體各部組織的基本物質，並可形成抗體，增加抵抗力。

飲食調理

各種維他命都可以在日常飲食中攝取。為了健康和發育，要儘量讓飯菜更多變、豐富，平時注意不讓孩子偏食，並多吃新鮮的綠色蔬菜。青少年活潑好動，容易不定時進餐及暴飲暴食，這樣會損壞腸胃並造成營養不均衡，應養成定時定量的習慣。

快速的生長及大量的活動會讓青少年食慾大增，變得容易飢餓，除了三餐的攝取外，應該要準備點心。青春期的少女也正需要營養來促進發育，不可為了追求時尚、保持身材苗條而任意節食。

紅燒牛腩

材料/INGREDIENTS

牛腩300公克；馬鈴薯、胡蘿蔔各1/2個；辣椒、薑片、醬油、沙拉油、糖各適量。

做法/METHODS

1. 牛腩洗淨、切塊，放入滾水中汆燙去血水，備用。
2. 馬鈴薯、胡蘿蔔洗淨、去皮、切塊；辣椒去蒂後切段，均備用。
3. 炒鍋中放入沙拉油燒熱，再放入薑片、辣椒炒香，再加入馬鈴薯、胡蘿蔔稍炒。
4. 加入所有調味料和少許水煮滾，轉小火燉煮2小時即可。

＊營養小辭典＊

牛肉的蛋白質含量高，而脂肪含量低，很適合發育期的孩子食用。這道菜味道鮮美，有利於骨骼發育，適合青春期食用。

銀髮族需要什麼？

維他命便利貼

☑ 維他命A　鰻魚、豬肝、南瓜、玉米、番薯、香蕉、芒果、蛋黃等

☑ 維他命B群　動物性內臟、綠色蔬菜、穀類、B群補充劑等

☑ 必需脂肪酸　植物油和魚類、油菜、核桃、大豆等

銀髮族是一個對營養有特殊需求的族群，必須注意攝取多種維他命、礦物質，以增強抵抗力，預防多種慢性疾病。

老年人的消化機能已經慢慢退化了，消化液的分泌減少，消化酶的活性下降，所以胃腸吸收功能不佳。許多老年人都有胃腸道活動障礙的毛病，胃口不好而導致進食量減少，造成營養素的攝入過少，吸收力減低。

如果沒有注意維他命的補充，最後就會導致慢性疾病的發生。如缺乏抗氧化的維他命E、B群，容易罹患心臟、腦血管疾病；缺乏維他命B_1，可能會有營養性糖尿病、多發性神經炎、腳氣病等問題；缺乏維他命B_6時，可能出現貧血、抵抗力下降、痙攣等症狀；缺乏維他命C則會導致牙齦出血、牙齒鬆動。

維他命需要適當補充，但不可濫用。濫用維他命會引起維他命不平衡，影響正常的功能，嚴重時還會造成中毒。老年人要從均衡飲食中攝取全面的營養。如：富含維他命B群的穀類、豆類、花生、瘦肉、內臟等食物；芝麻油、花生油、玉米油、菜子油、豆油等植物油，不但具有潤腸的作用，還可分解成脂肪酸，刺激腸蠕動，利於排便。

選購老年人服用的維他命、礦物質補充劑時，要特別注意配方是否專為老年人設計，是否強化某些重要的營養素。例如：維他命A、維他命B_6、維他命B_{12}、維他命E、鈣、鉻、鉀等。根據研究顯示，服用多種維他命、礦物質的補充劑，能有效降低老年人患高血壓、冠心病的風險，預防缺血性腦中風的發生。還能增加免疫力，防止感染性疾病的發生。有效調整代謝紊亂，幫助控制血糖，減少糖尿病併發的腎功能損害。

銀髮族的／維／他／命／菜／單

胡蘿蔔粥

材料/INGREDIENTS

胡蘿蔔100公克；白米100公克；香菜10公克；豬油15公克；食鹽5公克；水1000公克。

做法/METHODS

1. 將胡蘿蔔削皮、洗淨，切成塊；把香菜洗淨、切成細末。
2. 白米洗淨，放入鍋中，加入清水、胡蘿蔔塊一起用大火煮滾，轉用小火慢慢熬成粥。
3. 加入食鹽、香菜末拌勻即可。

＊營養小辭典＊

胡蘿蔔相當營養，含有脂肪、碳水化合物、維他命A、維他命B_1、維他命B_2、維他命B_6、維他命C、胡蘿蔔素等，還有鈣、磷、鐵、鉀、鈉、菸鹼酸及草酸等礦物質，可補脾健胃，寬中下氣。

維他命是人體的「維生素」

維他命 A（vitamin A）

護眼明目

●保健功效：護眼明目、促進骨骼生長、保護上皮組織、改善膚質。

認識維他命A

維他命A又名視黃醇，被稱之為「抗乾眼病維他命」，一種脂溶性維他命，是構成視覺細胞中感光物質（視紫紅質）的主要成分。

維他命A在自然界中存在兩種形式：一種是已經形成的維他命A，也就是視黃醇、視黃醛、視黃酸等，只存在於動物性的食物中；另一種為維他命A原，可以從植物性食物中的α-胡蘿蔔素、β-胡蘿蔔素等轉化而來。

維他命A主要的功能

1. 護眼明目

維他命A最大的功能就是維護眼睛健康，是「眼睛的維他命」。維他命A不但和淚液的分泌有關，而且可以增進影響視覺的視紫紅質生成，對眼睛來說是相當重要的營養素。

2. 調節生理運作

視黃醇和視黃酸可減少上皮細胞像鱗片狀的分化。有助於保護皮膚及汗腺，維持呼吸系統、消化系統及泌尿生殖道上皮組織的健康，避免受到感染。

3. 促進骨骼生長

維他命A影響人體骨骼的發育與身體的生長。具有平衡造骨和破骨細胞功能的作用，與維他命D及鈣一起作用可以促進皮膚、頭髮、牙齒、牙床的生長。

4. 改善膚質

外塗維他命A可以治療粉刺、膿包、膿瘡、皮膚潰瘍等症狀，並能祛除老年斑。

缺乏維他命A的症狀

1. 夜盲症、乾眼病

身體缺少維他命A會先出現對黑暗的適應能力下降的現象，嚴重時可能導致夜盲症，在夜間或是黑暗環境下無法看清物體。此外，缺乏維他命A還會導致乾眼病，也就是眼角膜、結膜上一些組織及淚腺等的退行性病變，導致角膜乾燥、發炎、軟化、潰瘍、糜爛等。如果角膜的潰瘍太過於嚴重，可能會導致無法挽回的失明。

2. 上皮組織病變

上皮組織如果分化不良，尤其是手臂、腿部、肩膀、下腹部等部位的皮膚就會出現粗糙、乾燥、鱗狀化、角質化等病變。口腔、消化道、呼吸道和泌尿生殖道的黏膜會變得乾澀、不夠柔軟。對人體的保護不完整，容易使細菌侵入，發生支氣管肺炎等疾病。

3. 骨骼發育不良

缺乏維他命A時，骨骼的生長發育也會受到抑制。牙齦會出現增生與角質化現象，影響釉質細胞發育，使牙齒停止生長。尤其常見於青少年和兒童。

4. 粉刺生長、卵巢機能衰退

維他命A是丘腦、腦垂體等重要內分泌器官活動所需的重要營養成分。當女性體內缺乏維他命A時，不能對卵巢發出正常的分泌激素的指令，導致卵巢功能減退，雄性激素相對增加，進而讓皮膚容易長粉刺，影響皮膚的美觀。

維他命A攝取不足的原因

1. 飲食不均衡

食材中深綠色的蔬菜、胡蘿蔔、動物的肝臟以及蛋、奶類中，維他命A的含量比較豐富。如果你的飲食中長期缺乏這些物質，就容易導致原發性維他命A缺乏症。

2. 罹患腸胃炎

罹患腸胃炎的患者會影響維他命A原轉化成維他命A的功能，降低胃腸道對維他命A的吸收、儲存。因此，患有腸胃炎及長期腹瀉的患者，容易導致維他命A繼發性缺乏症。

3. 烹調方式錯誤

由於維他命A是脂溶性維他命，與油脂相溶後才能提高人體的吸收率。所以蔬菜必須用油烹煮後，其所含的胡蘿蔔素才容易被人體吸收。維他命A與維他命C、維他命E一起攝取才能提高其抗氧化的功效。

維他命A——Data

食物來源

- ■廣泛存在於動物性食品和植物性食品中，其中動物肝臟含量最多。
- ■奶製品（如奶酪、奶油等）含量豐富。
- ■蛋類、魚類及貝類中也含有大量的維他命A。
- ■人們每日所需要的維他命A60%由胡蘿蔔素提供。胡蘿蔔素廣泛存在於蔬菜與水果中，尤其是深綠色蔬菜、黃色蔬菜（如南瓜、玉米、番薯等）以及黃色水果（木瓜、香蕉、檸檬、芒果）等。

文獻記載

- ■埃及文獻：距今約1500年前，埃及文獻上記載著：將牛肝加以燒烤、壓縮之後服用，對於治療眼疾特別有效。
- ■古希臘：著名的醫生希波克拉底（約西元前460～西元前377）曾提到：裹著蜂蜜的牛肝，可用於治療眼睛方面的疾病。
- ■西元1913年，美國威斯康星大學的M.戴維斯從奶油和蛋黃中分離出生命的必須物—維他命A。這是人類首次發現維他命A。

增加體力

維他命 B_1（vitamin B_1）

●**保健功效**：促進成長、幫助消化、消除疲勞、增強體力、緩解肌肉疼痛、強化腦部神經功能、預防腳氣病。

認識維他命B_1

維他命B_1又稱硫胺素或抗神經炎素。是由嘧啶環和噻唑環結合而成的一種維他命B群。無色結晶體，可溶於水，在酸性溶液中性質很穩定，但是鹼性溶液中不穩定，容易被氧化，或是受熱而破壞。在體內，維他命B_1當做輔酶可以幫助身體分解和代謝醣類，維持神經系統正常的運作功能，還能促進腸胃蠕動，增加食慾。

維他命B_1主要的功能

1. 促進成長、幫助消化

維他命B_1能增加消化液分泌，維持胃腸道的正常蠕動。可以促進食慾、幫助消化。

2. 消除疲勞、增強體力

維他命B_1可以做為輔酶，幫助人體適時地製造出肌肉所需要的能量，消除疲勞。尤其是當情緒不穩定、身體疲勞、肌肉痠痛，或是做事提不起勁時，最能發揮效用。攝取足夠的維他命B_1就可以讓你振奮精神、消除疲勞。

3. 緩解肌肉疼痛

維他命B_1可以緩解下列常見的三種肌肉疼痛：

（1）生理性疼痛。常見於年輕女性的經期疼痛，維他命B_1可以緩解並消除經痛。

（2）運動後肌肉疼痛。平常不常勞

動，或是不常運動的人，如果一次進行太久或是太劇烈的活動，第二天就會感覺肌肉疼痛。這是因為在活動的時候，產生的乳酸堆積在血液中的結果，而維他命B_1可以幫助人體代解、分解乳酸。

(3) 肌肉神經炎疼痛。最大的特徵是除了疼痛的感覺之外，還會伴有麻痺等症狀。維他命B_1可協助身體神經傳導，對於治療神經的效果也非常顯著，可以緩解牙科手術後的疼痛。

4. 強化腦部神經功能

維他命B_1對腦部、神經的刺激傳導扮演著很重要的角色。它可以改善記憶力、減輕腦部疲勞等，是增強腦部記憶功能不可缺少的營養素。缺乏維他命B_1還會引發腦部疾病——韋尼克腦病變（備註1）。

5. 預防腳氣病

「腳氣病」不是一般錯誤認知的爛腳、臭腳或黴菌污染的病症，而是一種身體缺乏維他命B_1的疾病。人們一旦罹患腳氣病，就會產生腳痠、心悸、呼吸困難、食慾不振等症狀，嚴重時還會導致患者因急性心臟衰竭而死亡。預防腳氣病要特別注意飲食中要多吃含有豐富維他命B_1的食物，並增加其他營養素的供給。此外，維他命B_1也可以減輕暈機、暈船的症狀，並有助於治療帶狀皰疹。

缺乏維他命B_1的症狀

維他命B_1在體內儲存量非常少，一旦飲食中缺少，一至兩周後，體內的維他命B_1就會迅速減少，導致罹患腳氣病，出現疲乏、沒有精神、食

備註1 韋尼克腦病變（Wernicke encephalopathy）：這種症狀的特徵是記憶減退，而且身體的動作無法協調。

慾減退、噁心、憂鬱、沮喪、雙腿麻木等症狀，主要可分為以下幾類。

1. 乾型腳氣病

以多發性周圍神經炎為主，表現症狀為四肢麻木、肌肉痠痛、肌肉無力且萎縮等。

2. 濕型腳氣病

心臟和四肢水腫引起，症狀為四肢浮腫麻木、全身無力、呼吸困難等。

3. 嬰兒腳氣病

好發於2~5個月的嬰兒，大多是由於餵養嬰兒的母乳中缺乏維他命B_1所導致。通常發病突然而危急。初期表現症狀為食慾不振、嘔吐、興奮、心跳快速、呼吸急促且困難；更嚴重時可能會出現嗜睡、易驚嚇、呆滯、頸肌和四肢柔軟等，甚至可能危及嬰兒生命。

維他命B_1攝取不足的原因

1. 烹煮及飲食方法錯誤

烹飪和飲食習慣，和營養元素的攝取有著很大的關係。長期食用精製的白米、麵食，因為去除了營養豐富的米糠，容易造成營養失衡。有些外食餐廳業者為了讓稀飯黏稠、味道鮮美而加入少量的鹼，也會破壞維他命B_1。厭食、偏食、進食量過少等，攝入的維他命B_1自然也會隨之減少。

2. 沒有及時補充維他命

因為水溶性的維他命會隨著尿液和汗液排出體外，所以要記得及時補充。兒童在生長發育期間，或是成人劇烈運動、女性懷孕期和哺乳期等，都會消耗大量的維他命B_1。此外，某一些病理性因素，如甲狀腺機能亢進，或者一些慢性消耗性疾病，如肺結核、腫瘤及慢性感染發熱患者等，如果不注意及時補充，就會引起維他命B_1的缺乏。

・五穀雜糧中均含有維他命B_1

3. 身體吸收障礙

某些健康因素，也會影響維他命的吸收和代謝，讓身體內缺乏維他命B_1。例如：長期腹瀉或經常服用瀉藥、消化不良、胃腸道阻塞等，都會造成維他命B_1的吸收不良。肝臟或腎臟患者也可能影響維他命B_1的合成，造成體內維他命B_1不足。

4. 酗酒、洗腎者

經過多次實驗證明，進入人體內的乙醇會減少身體對維他命B_1的吸收，慢性乙醇中毒還會損害小腸對維他命B_1的吸收。乙醇會破壞維他命B_1在肝臟內的代謝過程，讓維他命B_1無法發揮生理功效，所以有酗酒習慣者，容易缺乏維他命B_1。此外，洗腎患者在血液透析過程中也會讓體內的維他命B_1大量流失。

服用維他命B_1的注意事項

（1）飯後服用有利於吸收。因為維他命B_1是水溶性的，空腹服用後會被快速吸收，進入血液，在人體利用之前就經腎臟等排出體外了，使藥物不能充分發揮作用，所以最佳的服用時間是飯後。

（2）不宜與鹼性藥物一起服用。維他命B_1在鹼性環境中不穩定，並會很快分解，因為藥物遭受破壞而使藥力降低或失效。因此，維他命B_1不宜與鹼性藥物一起服用。

阿司匹靈（Aspirin）在胃中會水解為水楊酸。維他命B_1會降低胃液的pH值，讓阿司匹靈對於胃黏膜的刺激更嚴重，所以兩者不可同時服用。

口服避孕藥可加速維他命B_1的代謝，降低維他命B_1在血液中的濃度。長期口服避孕藥者應適當補充維他命B_1。

許多中藥像是消痔丸、治頭疼的千日紅片、感冒藥、七厘散等，含有單寧（酚類化合物），會與維他命B_1結合而沉澱，不容易被吸收利用；並且維他命B_1易變質而降低藥效，因此維他命B_1不可與含單寧的中藥材一起服用。

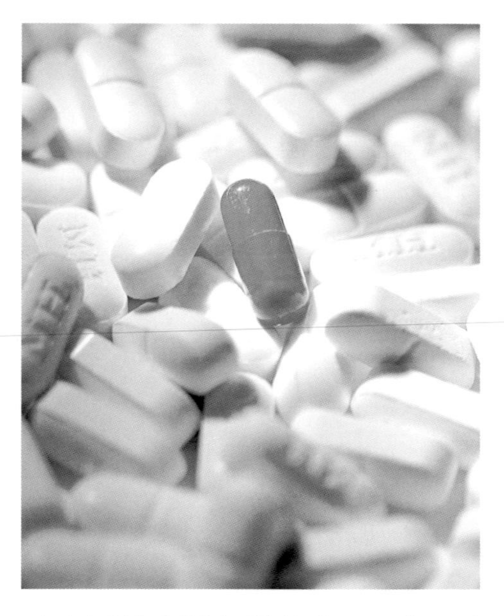

（3）酒精會阻礙維他命B_1吸收。酒精會損傷胃腸道黏膜，妨礙腸黏膜運轉機能，減少維他命B_1的吸收利用率。所以，服用維他命B_1時不可飲酒。

維他命B_1——— Data

食物來源

■存在於牛、馬、豬、羊等家畜的內臟，如肝、腎、心，以及瘦肉之中。

■我們常吃的五穀雜糧、豆類、堅果，及我們常吃的蔬果、蔬菜，也都含有大量的維他命B_1。

■五穀雜糧及其製品是我國傳統膳食中攝取維他命B_1的主要來源。存在於種子的胚芽和外皮中，例如米糠、麩皮等。過度碾磨的精白米、精白麵會損失70%的維他命B_1，所以應該適當地吃一些粗加工的米麵及雜糧。

文獻記載

■西元1890年，荷蘭醫學家艾伊克曼發現實驗用的雞群患了多發性神經炎，將雞飼料由帶殼糙米取代白米後痊癒，由此啟發糙米治療腳氣病的想法。他首先發現食物中含有生命必需的微量物質，腳氣病是因為缺乏這種微量物質所引起的。

■西元1911年，艾伊克曼與同事從米糠中獲得抗腳氣病的濃縮液體，進而發現了維他命B_1。為此，他與英國的F.G.霍普金斯在1929年共同獲得諾貝爾生理學和醫學獎。

維他命 B2（vitamin B2）

●保健功效：分解代謝脂肪和蛋白質、催化氧化還原反應、促進生長發育、維護眼睛健康、保護皮膚黏膜、疾病的預防與治療。

認識維他命B2

維他命B2又稱核黃素（riboflavin），是人體內不可或缺的一種重要維他命。維他命B2的性質微溶於水，在鹼性溶液中易分解，在中性或酸性溶液中性質穩定，加熱也不會破壞其成分。所以，一般在烹調過程中不容易遭到破壞，但是要小心光線照射，尤其是紫外線。

維他命B2主要的功能

1. 分解代謝脂肪和蛋白質

維他命B2是消化酶的成分之一，可以加速幫助體內脂肪和蛋白質的代謝分解，並協助氧氣運輸到體內各組織。維他命B2可以分解血管內壁黏積的過氧化脂，以預防血管硬化。

2. 催化氧化還原反應

維他命B2在體內可幫助催化氧化還原反應，讓能量可以逐漸釋放，供給細胞利用。缺乏維他命B2，體內組織幾乎無法運作，是人體成長期必需的營養元素。

3. 促進生長發育

維他命B2有助於骨骼、皮膚、指甲、毛髮的正常生長。與維他命A結合，可讓皮膚得到充分營養，變得光亮紅潤。維他命B2可以讓大腦和肌肉保持充足的能量和氧氣，維持及促進人體生長發育。

對於生長迅速時期的嬰幼兒，維他命B2也扮演著重要的角色。如果發現孩子的體重成長過輕，就要觀察他的飲食中是否缺乏維他命B2、B1。

4. 維護眼睛健康

維他命B2可以維護視網膜功能，維持視力及減輕眼睛的疲勞。缺乏維他命B2會讓視力下降，嚴重缺乏者甚至會罹患白內障。此外，維他命B_2對於治療眼球結膜充血、角膜周圍的毛細血管增生和視力模糊、視覺疲勞、流淚等症狀，都有很好的效用。

5. 保護皮膚黏膜

維他命B_2可以維持皮膚黏膜健康，減緩皮膚老化、粗糙，有助於治療舌炎、口角炎、脂漏性皮膚炎等發炎症狀。可以促進皮膚新陳代謝，延緩組織器官老化。

6. 疾病的預防與治療

充足的維他命B_2可幫助人體對食物中鐵成分的吸收與儲存，治療缺鐵性貧血及低血紅蛋白性貧血症。

缺乏維他命B_2的症狀

體內如果缺少維他命B_2，剛開始的表現為疲倦、無力、口腔疼痛及眼睛搔癢、灼熱感等，繼而口腔及陰囊產生病變，出現唇炎、口角炎、舌炎、皮炎、陰囊皮炎、角膜血管增生等症狀。

身體如果缺乏維他命B_2，脂質在體內的過氧化作用就會加強。許多動物如果缺乏維他命B_2，表現出來的症狀是為生長停滯、毛髮脫落、生殖功能和免疫功能下降等，嚴重缺乏時還會出現繼發缺鐵性貧血、脂肪肝，甚至發生後代出現先天性畸形的不幸。

維他命B_2攝取不足的原因

1. 挑食導致缺乏

維他命B_2在天然食物中的來源不多，食材中以動物的肝、腎、心、蛋、乳、螃蟹、鱔魚、深綠色蔬菜、紫菜、香菇、豆類、花生中含量較高。如果你長期不吃上述食物，則容易造成維他命B_2的缺乏。

2. 不當的烹調方式

維他命B_2容易氧化，在鹼性環境中易分解，所以不適當的烹調方法會造成維他命B_2大量流失。

3. 身體活動量增加

因為維他命B_2在身體中可當作輔酶，幫助身體產生能量，所以如果生理上的負荷加大或是活動力大增時，身體對維他命B_2的需要量就會增加，進而引起維他命B_2的缺乏。

服用維他命B_2的注意事項

（1）維他命B_2與其他維他命B群一起服用的話，效果更好。

（2）高蛋白飲食有利於維他命B_2的利用和保存。

（3）維他命B_2不宜與高纖維類食物同時攝入，因為高纖維類食物會增加腸道的蠕動，降低維他命B_2的吸收率。

維他命B_2——Data

食物來源

■動物性食物中的含量比在植物性食物中的含量高。在肝、腎、心、乳品及蛋類食物中的含量尤其豐富。

■植物性食物中，以深綠色蔬菜、豆類、水果中含量較高，穀類和一般蔬菜的含量較少。

文獻記載

■西元1879年英國化學家布魯斯發現牛奶的上層乳清中，存在一種黃綠色的螢光色素，但是用各種方法提取都沒有成功。

■西元1933年，美國科學家哥爾倍格等從1000多公斤牛奶中，提取18毫克營養物質。因為其分子式上有一個核糖醇，所以被人們命名為核黃素。

維他命 B3（vitamin B3）

●**保健功效**：保持皮膚健康、降血脂及血壓、增強抵抗力、緩解疲勞、營養素的吸收、利用。

認識維他命B3

維他命B3又稱尼克酸、菸鹼素、菸鹼酸（Niacin）等。它萃取後的單純成分物為白色或淺黃色晶體或晶體性粉末，性質為無臭或是稍微帶些氣味，味道微酸，能溶於水。

近年來，許多研究發現菸鹼酸具有降低膽固醇的效用，使菸鹼酸逐漸受到重視。根據臨床實驗證明，菸鹼酸不但具有減少壞的膽固醇（LDL低密度脂蛋白）的功能，也能夠增加好的膽固醇（HDL高密度脂蛋白）。

維他命B3主要的功能

1. 保持皮膚健康

維他命B3可以活化細胞，所以能保持皮膚健康及維持血液循環順暢，並具有美白和活化皮膚細胞的作用。

2. 降血脂及血壓

維他命B3能促進血液循環，並可降低血壓、膽固醇及三酸甘油酯。對精神分裂症及其他心理疾病的治療也具有效用。

3. 增強抵抗力、緩解疲勞

維他命B3可以幫助抗體合成，以對抗病原體、增加身體的抵抗力。而且能緩解人體疲勞和精神上的壓力。

4. 營養素的吸收利用

維他命B_3有利於各種營養物質的吸收和利用，有助於減輕胃腸不舒服、腹瀉等症狀，也讓神經系統正常運作。協助治療胰腺炎和神經系統類的疾病，以及預防缺鐵性貧血等疾病。

在人體多項代謝的過程中，菸鹼酸擔任輔酶的任務，其中最重要的是參與醣類代謝。

缺乏維他命B_3的症狀

1. 罹患糙皮病

缺乏維他命B_3會罹患糙皮病，患者皮膚表面粗糙、發炎，有明顯浮腫、脫屑、增厚且呈鱗狀變化。嚴重時不僅影響人體的腸胃系統，而且會導致其神經功能異常，如果放任其發展，最後可能會導致死亡。

2. 幼兒及成人常見病症

缺乏維他命B_3可能會引起幼兒佝僂病，幼兒或成人缺鐵性貧血，成人高血脂、高膽固醇等病症。

3. 頭痛、嘔吐及疲勞

人體缺乏維他命B_3還會導致頭痛、嘔吐、肌肉痠痛，腎上腺機能不足，以及使得頭髮泛白，皮膚佈滿皺紋，容易疲勞，甚至暈倒等。

維他命B_3攝取不足的原因

1. 個人生理狀況不同

因為工作和生活習慣的不同，每個人對於維他命B_3的需要量都會有所不同。如孕婦、餵母乳的媽媽、小朋友等，都是屬於特殊生理階段的人群，由於身體生長需要維他命B_3，他們的需要量就會稍微多一些。

2. 消化功能發生障礙

當消化功能發生障礙時，像是經常腹瀉或大量服用磺胺類藥物、抗生素者，都會破壞、流失身體中的維他命B_3。長期從事潛水、登山等缺氧活動的人，更容易缺乏維他命B_3。

3. 特殊主食食用族群

有些族群以玉米為主食，但是因為玉米中維他命B_3在食品中以結合型存在，不易被人體吸收、利用，所以長期以玉米為主食的人容易缺乏維他命B_3。

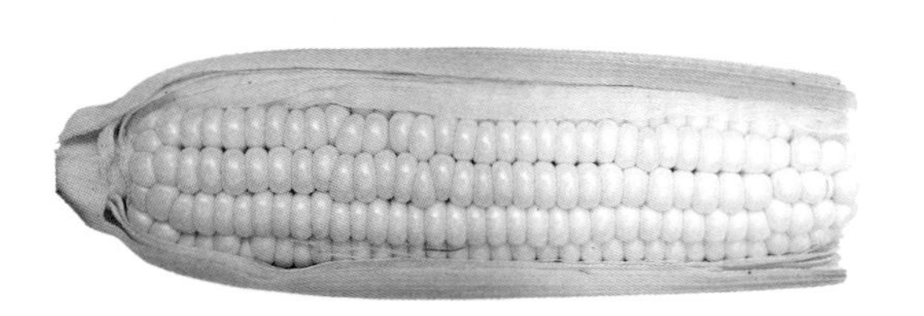

維他命B_3——Data

食物來源

■廣泛發現於動物性食物中，例如肝臟、魚肉、雞胸肉、牛肉、火腿、牛奶、乳酪等中，都以菸鹼酸的形式存在。

■植物性食物，包括蔬菜、瓜果、花生、芝麻、綠豆、全麥製品、小麥胚芽、糙米、胚芽米、酵母菌中，含量也相當豐富。還有日常生活中的一些飲品，像是茶、咖啡、啤酒等，也都含有大量維他命B_3。

文獻記載

■18世紀時，義大利發現有一種糙皮病。西元1914年，科學家發現這種病是由於飲食中缺乏某種營養成分所致，也發現某一種維他命可治療糙皮病。西元1926年時，研究人員發現，食用優酪乳可以治癒糙皮病。

■西元1937年，美國威斯康星大學研究人員，經由研究確認了身體缺少菸鹼酸是罹患糙皮病的原因。科學家按照其性質把它歸為維他命B群，並命名為維他命B_3。

維他命 B_4（vitamin B_4）

●保健功效：益智健腦、促進白血球增生、分解體內毒素、促進脂肪代謝。

認識維他命B_4

維他命B_4又稱為膽素、膽鹼（Choline）。性質為無色、帶苦味的水溶性白色溶液，易溶於水，在強鹼條件下性質不穩定。

膽鹼對於胎兒、新生兒的腦部發育和認知能力發展極為重要。懷孕的孕婦與新生兒及早補充足量的膽鹼，對於腦細胞的發育幫助以及學習力和記憶力有長久的影響。甚至對於日後腦神經細胞的壽命延長也相當有幫助。

維他命B_4主要的功能

1. 益智健腦

維他命B_4是構成身體中乙醯膽鹼（Acetyl-Choline）的主要成分，可以傳遞神經衝動。它和大腦記憶區神經元及神經突觸的傳導有關，可以促進腦部發育、增強記憶力。此外，維他命B_4還可防止老年人記憶力衰退，有助於治療老年癡呆症。

2. 促進白血球增生

維他命B_4能促進白血球增生以填補體內白血球的不足，臨床可用於放射性治療，如：治療苯中毒和抗腫瘤等的白血球減少等。

3. 分解體內毒素

維他命B_4可幫助分解體內的毒素，並將經肝臟和腎臟處理過的毒素排出體外。還能消除因為體內毒素過高而生長的青春痘、皮膚色素沉澱等。

4. 促進脂肪代謝

維他命B_4能促進脂肪代謝，防止脂肪異常堆積。可用來預防腎炎、脂肪肝等。維他命B_4是體內卵磷脂的重要組成成分，在脂肪代謝過程中，幫助脂肪酸以卵磷脂的形式被運輸，提高肝臟利用脂肪酸的能力，防止脂肪在肝中累積過多。

維他命B_4是構成生物膜的成分，具有控制細胞衰亡、抑制癌細胞增長、促進轉甲基代謝等作用。

缺乏維他命B_4的症狀

體內如果缺少維他命B_4，會導致脂肪代謝出現障礙，讓脂肪在細胞內沉積，出現肝細胞變性，甚至誘發肝癌等。腎臟代謝過濾的功能也會受到損害，或是出現記憶力紊亂、身體生長遲緩、骨骼和關節的畸變等。

維他命B_4——Data

食物來源

- 維他命B_4含量較多的食物有：動物內臟、肉類、豆類、蝦、沙丁魚、蠔、菠菜、黑木耳、魷魚、蘑菇等。
- 因為維他命B_4相當耐熱，加工和烹調過程中損失較少。將食材在乾燥環境下長時間貯存，其中含有的維他命B_4的含量也幾乎沒有變化。

文獻記載

- 西元1849年，膽鹼首次從牛隻的膽汁中被分離取得。
- 西元1940年，科學家發現膽鹼對大白鼠的生長具有重要作用，經實驗發現膽鹼具有維他命B群的特性，於是把它取名為維他命B_4。

維他命 B5（vitamin B5）

合成抗體

●**保健功效**：增強身體的抵抗力、加速傷口癒合、維持人體正常代謝及生理機能。

認識維他命B5

維他命B5又稱泛酸(pantothenic acid)，呈現淡黃色且黏油狀，可溶於水和醋酸中。在酸、鹼的環境下會被中和，長時間加熱則容易分解。經常以右旋和左旋泛酸鈣鹽的混合物形式存在。

維他命B5又稱為遍多酸，這個名稱來源於希臘語，意思是指無所不在的酸類物質，在體內廣泛參與代謝活動。它遍存在於生物體內，人體缺乏時會容易生病。

·蔬菜中含有泛酸。

維他命B5主要的功能

1. 增強身體的抵抗力

維他命B5可幫助抗體合成及製造，增強身體的抵抗力，是抗體的製造供應商。可以用來治療褥瘡、靜脈曲張性的潰瘍、膀胱炎、手術後的腸道阻塞，並可預防消化不良、低血糖、蛀牙、鏈黴素過敏等。

2. 加速傷口癒合

維他命B5可以幫助傷口癒合，治療手術後的休克、低血糖、十二指腸潰瘍、血液和皮膚異常等症狀，也能緩解多種抗生素的副作用。

3. 維持人體正常代謝及生理機能

維他命B_5參與人體利用碳水化合物、脂肪及蛋白質轉化成能量的過程；維他命B_5是脂肪和醣類轉變成能量時不可缺少的物質，對於維持腎上腺的正常機能及人體正常代謝都非常重要。

缺乏維他命B_5的症狀

1. 運動機能不協調

12周歲以下的兒童缺乏維他命B_5，其症狀是頭痛、疲倦、運動機能不協調、腳趾麻木、疼痛，步行時不穩而搖晃、感覺遲鈍、肌肉痙攣、胃腸障礙、心跳過快、血壓下降等。

2. 腳心發燒

身體缺乏維他命B_5會產生腳心發燒的現象，這是因為維他命B_5不足使得嗜伊紅性血球減少，引起內分泌失調。如果患者胰島素過高引起低血糖症，則必須多補充維他命B_5。

3. 其他症狀

缺乏維他命B_5則身體很難產生抗體，抵抗力不佳，容易引發上呼吸道感染，患者還會出現四肢麻木和刺痛、肌肉痙攣、疲倦、食慾下降、消化不良、腹痛、嘔吐、頭痛、抑鬱、失眠等症狀。

4. 動物缺少維他命B_5之症狀

(1) 豬缺乏維他命B_5時，鼻尖及眼部會患瘡痂性皮膚炎，惡化時會有皮膚潰爛的情形。

(2) 試驗中動物的神經系統會退化而造成痙攣現象、眼角膜血管病變、骨質病變等。

(3) 在動物試驗中，缺少維他命B_5還會引起貧血、肝臟功能退化、腎臟出血性壞死。

(4) 在動物試驗中，缺少維他命B_5會導致胚胎發育不正常、死產等現象。

維他命B_5攝取不足的原因

因為泛酸廣泛存在於食物中，所以很少有單純缺少泛酸的情形發生。一般說來，多種營養素不足時才會缺少泛酸。或是服用拮抗劑ω-甲基泛酸也易引起缺乏。

服用維他命B_5的注意事項

維他命B_5不能與咖啡因、安眠藥、磺胺藥劑、雌激素、酒精等同時服用。

維他命B_5——Data

食物來源

■維他命B_5在食材中廣泛存在，它以游離或結合形式存在於動物與植物細胞中，與食材營養素結合在一起。含量最多的是酵母菌，還有如：動物的腎臟和心臟、蛋類、魚類、深綠色蔬菜、啤酒、堅果類、未精製的糖蜜、穀類製品等，都含有維他命B_5。

文獻記載

■在20世紀初，科學家便發現了一種廣泛存在於各種動、植物組織中的物質，它對動、植物的生長有著極強的促進作用。

■西元1940年初，科學家從肝臟中分離出此種物質。此種維他命被首次成功合成並命名為泛酸，即維他命B_5。

維他命 B6(vitamin B6)

●**保健功效**:促進代謝、幫助造血作用、維持免疫系統功能、幫助治療酒精中毒、癲癇,以及防治妊娠、放射治療等。

認識維他命B6

維他命B6是由吡哆醇、吡哆醛、吡哆胺(吡哆醇類pyridoxine)這三種物質結合而成的。鹽酸鹽化合物則為白色或類白色的結晶或結晶性粉末;無臭,味道略微酸苦;在鹼性溶液中、遇到光或是高溫時則容易被氧化,故保存時應遮光並密封。

維他命B6主要的功能

1. 促進代謝

維他命B6的主要功能是以輔酶形式參與人體近100種酶反應,包括蛋白質、脂肪和碳水化合物的代謝,透過代謝作用將這些營養素轉化為人體所需的能量。如胺基酸的脫羧反應(脫去CO_2)就需要維他命B6所形成的輔酶參與,對維持神經系統和心血管系統的正常功能十分重要。

2. 幫助造血作用

血紅蛋白的合成需要維他命B6一起作用。同時,維他命B6還能參與運鐵血紅蛋白合成中鐵離子的攜帶。根據研究顯示,維他命B6對於預防紅血球貧血效果很好。

3. 維持免疫系統功能

維他命B6可參與抗體的形成,維持體內體液存在和細胞的免疫系統功能。

4. 其他功能

維他命B6和DNA的合成有關。是中樞神經系統活動所不可缺少的物質,並可用於輔助治療酒精中毒、癲癇,以及防治妊娠、放射治療、服用抗癌藥物所致的噁心、嘔吐,和因大量或長期服用抗結核藥物異煙(isoniazid, INH)而引起的周圍神經炎、失眠、不安等。

缺乏維他命B_6的症狀

1. 皮膚發炎

成人如果缺乏維他命B_6就會容易感染皮膚病，這種皮膚病早期表現為頭皮屑增多、頭髮沒有光澤，以及眼睛、鼻子、口腔周圍皮膚發炎，隨後症狀可能會擴散至面部、前額、耳後等部位；有時女性乳房和會陰等身體較潮濕部位也會有此現象，嚴重者甚至會糜爛。

2. 體內容易有結石

人體如果缺乏維他命B_6，攝入體內的草酸不易有效被排除，會大量滯留在泌尿系統中與游離鈣離子形成草酸鈣而沉澱，在腎臟、膀胱、尿道等處形成結石。

3. 影響兒童成長

兒童處於神經、骨骼等都迅速發育的階段，缺乏維他命B_6除了會引發皮膚炎之外，還會有驚厥、抽搐、腹痛、嘔吐等，甚至造成精神和情緒紊亂，例如膽小，對其他兒童的活動缺乏興趣及反應遲緩等。

4. 其他病變

身體缺少維他命B_6會降低脂肪代謝的速率，進而出現動脈粥狀硬化病變。還可能引發外周神經炎、細胞性低色素性貧血、代謝障礙、失眠、煩躁及出現步履維艱、腦電圖異常（備註1）、精神憂鬱、體重下降等症狀。另外，缺乏維他命B_6容易引發感染，尤其是泌尿生殖系統感染。

維他命B_6攝取不足的原因

1. 特殊病理期

妊娠及哺乳期、甲狀腺機能亢進、燙傷、長期慢性感染、先天性代謝障礙、長期血液透析、吸收不良綜合症、胃切除手術後等，這些病理期的情況下都需要補充維他命B_6。

患肝病、尿毒症、慢性酒精中毒者可能出現維他命B_6缺乏症。

2. 服用特定藥物

服用黃體激素避孕藥、異煙肼、環絲胺酸、青黴胺……等藥物，都可能引發維他命B_6缺乏症。

腦電圖是利用儀器記錄，以波型顯示腦細胞活動時所造成的電場變化。這項檢查對身體是非侵入性的，醫師可以用來評估病人在腦波檢查時腦部細胞活動的狀況。相對的，如果腦細胞是瞬間的異常活動（如癲癇），做腦波檢查就不一定能正確記錄，而持續性的病變，如腦瘤、腦炎、代謝障礙等，腦電圖就會出現異常。

3. 食材過度加工處理

維他命B_6在食物的加工、儲存、烹調時容易流失。例如：做菜時過度清洗白米和蔬菜、切菜太過多次而過度傷害蔬菜細胞、烹調時溫度過高、烹煮時間過長、食物儲存時間過長等。

維他命B_6——Data

食物來源

■維他命B_6依照含量比例來說，在動物性食物中的含量較高，尤其是在魚類、肝臟和酵母中含量尤其豐富。

■蔬菜、瓜果類和糧食作物中含維他命B_6較高的有：小麥麩、麥芽、黃豆、甘藍、燕麥、玉米、花生、核桃等。

文獻記載

■西元1935年，德國化學家夏魯吉發現未投入實驗的老鼠患了一種怪病，這些老鼠各自出現不同程度的皮膚炎，毛皮脫落，皮膚出現大大小小的白斑；後來夏魯吉用一種從酵母中提取出來的物質餵養老鼠，居然意外治癒。後來，人們就把這種可以預防和治療皮膚炎的營養素命名為維他命B_6。

維他命 B_7（vitamin B_7）

保護血管

●**保健功效：**緩解肌肉疼痛、預防禿頭和白髮、維持人體機能正常、保持皮膚的健康。

認識維他命B_7

維他命B_7又叫做生物素、維他命H，是維他命B群之一。性質為白色粉末，易溶於水、乙醇。遇熱時性質穩定，所以烹調時無損失問題；但是遇到強鹼、強酸及紫外線容易受到破壞。

生物素在人體中大多存在於肝臟，血液中含量很少。

維他命B_7主要的功能

1. 緩解肌肉疼痛

維他命B_7可以加速身體中胺基酸、碳水化合物及脂肪的代謝，緩解肌肉疼痛，增強免疫力和抵抗力。

2. 預防禿頭和白髮

維他命B_7是禿頭族的救星，如果你有嚴重掉髮的前兆，很有可能就是缺乏維他命B_7。為了避免你頭髮日漸稀疏，不妨注意要多加補充維他命B_7。另外，對於預防白髮也具有功效。

3. 維持人體機能正常

維他命B_7可以維持汗腺排汗機能，以及神經組織、骨髓組織、男性性腺的生長等，都能正常運作。

4. 維護皮膚組織的健康

維他命B_7可維護皮膚組織結構的完整和健全，減輕皮膚的濕疹、發炎等症狀，保持皮膚的健康。

缺乏維他命B_7的症狀

1. 毛髮及皮膚狀況惡化

缺乏維他命B_7會導致頭皮的頭皮屑增多、容易掉髮，造成少年白髮或禿頭，以及膚色暗沉、面色發青、皮膚發炎等。

2. 導致神經疾病

缺乏維他命B_7會引起身體肌肉脹痛、疲倦、慵懶無力、憂鬱、失眠、容易打瞌睡等神經症狀。

維他命B_7攝取不足的原因

蛋黃的蛋白質中，含有能與生物素緊密結合的抗生物素蛋白，所以如果大量食用生雞蛋，會妨礙維他命B_7的吸收，而導致缺乏維他命B_7。正服用抗生素或是磺胺藥劑者，也會缺乏維他命B_7。

維他命B_7——Data

食物來源

- 幾乎所有的食品中都含有生物素，人體中也可以自行合成。人類腸細菌合成的生物素就已經足夠人體需要，所以在一般情況下，並不需要額外補充。
- 維他命B_7含量高的食物主要有：糙米、小麥、草莓、柚子、葡萄、肝、蛋、瘦肉、乳品等。

文獻記載

- 西元1901年，Wildiers發現酵母生長時必須要有一種物質，取名為「生物活素」。西元1936年，德國Kogl和Tonnis從熟的鴨蛋黃中分離出一種酵母生長需要的結晶物，稱之為「生物素」。
- 1937年，匈牙利科學家Gyorgy發現一種能抑制生蛋白毒性的物質，為維他命H（維他命B_7）。

維他命 B_9（vitamin B_9）

治療癌症

●保健功效：人體內的代謝作用、輔助治療癌症、降低嬰兒神經管畸形發生率。

認識維他命B_9

維他命B_9又稱葉酸（folate），是一種水溶性的維他命。微溶於熱水，不溶於酒精、乙醚和其他有機溶劑，為亮黃色粉末狀結晶，在酸性溶液中對熱不穩定，但在鹼性、中性溶液中則對熱穩定。

維他命B_9又稱為造血維他命。葉酸缺乏症是一種常見的營養缺乏症，尤其是在一些飲食減肥者身上最為常見。腸胃病患者、癌症患者、貧血等，都必須更注意補充維他命B_9。

維他命B_9主要的功能

1. 人體內的代謝作用

維他命B_9是合成蛋白質、DNA和RNA的必須物質。另外，紅血球、白血球快速增生，胺基酸代謝，大腦中長鏈脂肪酸的代謝等都少不了維他命B_9，它在人體內具有不可或缺的功用。

2. 輔助治療癌症

維他命B_9在癌症的發展過程中扮演著一個重要角色，特別是針對治療子宮頸癌和結腸癌。

3. 降低嬰兒神經管畸形發生率

補充維他命B_9可以有效降低嬰兒神經管畸形發生率。而且維他命B_9的補充方式，只要從飲食中獲取就已足夠了。

維他命B9缺乏的症狀

1. 嬰兒先天發育不足

對計劃想當爸爸的男性而言，維他命B9不足會降低精液的濃度，還可能造成精子中染色體分離異常，可能讓寶寶患嚴重疾病。

孕婦妊娠期間如果缺乏維他命B9，會造成流產、死胎及嬰兒先天畸形的情況，如神經管畸形、脊柱裂等。

2. 引發心血管疾病

維他命B9可以幫助分解和代謝血液中的高半胱胺酸(homocysteine)，高含量的高半胱胺酸會增加罹患動脈硬化、冠心病和中風的機率。

3. 引發巨幼紅細胞性貧血

缺乏維他命B9會抑制DNA合成，導致細胞分裂不正常，細胞核增大，且細胞數目減少，嚴重時會導致巨幼紅細胞性貧血。

4. 導致神經系統病變

維他命B9缺乏可能會出現憂鬱、智力障礙、嗜睡、暴躁、記憶力減退等症狀。

5. 其他症狀

缺乏維他命B9還會導致胃腸功能出現異常，例如腹瀉、兒童生長發育緩慢、口舌炎、骨質疏鬆等症狀。

維他命B9攝取不足的原因

1. 加工過程流失

由於維他命B9遇到光，或是在酸性溶液中遇到熱，性質都會不穩定，因此，在食物的加工處理中維他命B9容易失去活性，如煮沸、加熱等都會損失活性。例如煲湯等烹飪方法會使食物中的維他命B9損失50~95%。

2. 保存中自然損失

在室內保存食物同樣會讓食物本身的維他命B9流失，所以人體真正能從食物中獲得的維他命B9並不多。

蔬菜貯藏2~3天後，維他命B9損失約50~70%；鹽水浸泡過的蔬菜，維他命B9也會大量損失。

維他命B9——Data

食物來源

■人們日常所攝入的維他命B9主要來源是綠色蔬菜，如：萵苣、菠菜、番茄、胡蘿蔔、蘆筍、花椰菜、油菜、小白菜、扁豆、豆莢、蘑菇等；以及豆類及豆製品。

■核桃、腰果、栗子、杏仁、松子等堅果類食品；大麥、米糠、小麥胚芽、糙米等穀物。

■橘子、草莓、櫻桃、香蕉、檸檬、桃子、李子、楊梅、棗子、石榴、葡萄、奇異果、水梨等新鮮水果。

■動物的肝臟、腎臟、禽肉及蛋類，如豬肝、雞肉、牛肉、羊肉等動物性食品。

文獻記載

■維他命B9最初是從菠菜葉中分離萃取出來，西元1941年H.K.Mitchell將其命名為「葉酸」。

維他命 B_{12} (vitamin B_{12})

預防貧血

●**保健功效**：預防貧血、促進發育、增強記憶力、治療疾病、調整生理時差。

認識維他命B_{12}

維他命B_{12}又稱為鈷胺或鈷胺素（cobalamins），俗稱紅色維他命、血液之母，是一種紅色結晶體化合物。無臭、無味、微溶於水，溶於乙醇；無水的形態下容易受潮吸濕，晶體吸水後在常溫下或是輕度酸、鹼的環境中性質相當穩定。是維他命中唯一含有金屬元素的營養素。

維他命B_{12}只能由微生物合成，動物吃入了能產生維他命B_{12}的細菌而儲存在體內，因此動物性食品可以提供人體維他命B_{12}。素食者相對容易缺乏，造成惡性貧血。

維他命B_{12}主要的功能

1. 預防貧血、促進發育

維他命B_{12}能促進紅血球的形成和再生，以及紅血球的發育和成熟，讓身體處於正常狀態，進而預防惡性貧血。維他命B_{12}可以活化胺基酸，促進核酸和蛋白質的合成，對幼兒生長發育相當重要。

2. 增強記憶力、治療疾病

維他命B_{12}可以讓脂肪、碳水化合物、蛋白質全部代謝成為能量，提供身體利用。消除煩躁不安，集中注意力，增強記憶力與平衡感。服用維他命B_{12}和維他命B_9能促進核酸的合成，保護脊髓、胃腸黏膜。也可降低血液中半胱胺酸的量，降低罹患心臟病的機率。除此之外，維他命B_{12}還可用來治療痛風。

3. 調整生理時差

當我們去海外旅行時常常會因為時差而無法入睡，這是因為體內的生理時鐘與當地的生活時間有差距，服用維他命B_{12}可以幫助人們調整時差。

缺乏維他命B_{12}的症狀

1. 導致惡性貧血

缺乏維他命B_{12}的主要症狀是在血液中出現許多細胞碎片、變形細胞和高色素性巨大細胞，導致惡性貧血。還會引起消化不良、記憶力衰退、抵抗力降低、頭髮稀疏發黃、眼睛及皮膚暗沉等症狀。

2. 影響神經系統

缺乏維他命B_{12}引起廣泛的神經系統症狀，像是手足感覺異常，身體感覺遲鈍、很難站立、足部肌腱反射變差等。到了晚期甚至會出現記憶力喪失、神智模糊、憂鬱，甚至中樞視力喪失等症狀，表現症型為精神抑鬱、妄想、幻覺，以至最後發展成一種精神病。

3. 影響男生性功能

長期吃全素或是身體內缺乏維他命B_{12}的男性，精液中的精子濃度比正常人明顯少，精液的產生量也比較少，會影響正常的性功能。

維他命B_{12}攝取不足的原因

1. 無法被吸收運用

維他命B_{12}在身體中很難被吸收，因為它必須和鈣結合才能有利於人體的機能運用。

2. 特殊對象及習性

老年人、嬰幼兒以及患有胃腸道疾病的人，由於體內維他命B_{12}消耗過多、攝入量有限或吸收不好等因素，容易造成體內維他命B_{12}缺乏。

長期吸菸或是純素食者，都會妨礙維他命B_{12}的攝入。避孕藥也會降低血液中的維他命B_{12}濃度。

維他命B_{12}——Data

食物來源

■維他命B_{12}主要來源是動物性食物，尤其是肝臟。其他像是腎臟、瘦肉、魚類等，都是良好的來源。

■維他命B_{12}不能由人工合成，也幾乎不存在於高等植物中。一些水果和蔬菜含有少量維他命B_{12}，那是因為受到做為肥料的糞便的污染，而一些豆類中的維他命B_{12}是由寄生蟲在根瘤中的微生物所產生的。

■素食者可以多吃富含維他命B_{12}的食物，如：全麥、糙米、海藻。或是中草藥如：當歸、明日葉、康復力等。

文獻記載

■18世紀時，北美和歐洲有一種神秘的致死性貧血病，患者多為中年以上男女，血液中的紅血球數是正常人的1/3或更少，面容泛黃、神色疲憊，這種病後來被稱為惡性貧血。

■西元1926年，科學家證明吃大量的動物肝臟可治癒惡性貧血。

■西元1948年，美國的化學家雷克斯等和英國的化學家史密斯等，幾乎同時從肝臟中精萃出一種人體營養必需的結晶物質，被命名為維他命B_{12}。

維他命 C (vitamin C)

●保健功效：治療貧血、預防癌症、保護細胞和肝臟、提高人體的免疫力。

認識維他命C

維他命C又稱之為抗壞血酸（ascorbic acid），是一種水溶性維他命。人體無法自行合成，只能從食物或藥物中攝取。在所有維他命中，維他命C的性質是最不穩定的，容易被氧化和分解。在貯藏、加工和烹調過程中，也很容易被破壞。

維他命C可以抑制細菌的生長，含量足夠時具有殺菌性，特別是對於消滅肺結核菌。維他命C也可以消滅各種不同的病毒。身體中的白血球在攻擊噬食細菌時，也會消耗大量維他命C。缺乏維他命C時，人對各種傳染病的抵抗力就會降低。維他命C能殺滅癌細胞，細菌及病毒，但不會傷害人體各部位的細胞及組織。

維他命C主要的功能

1. 治療貧血、預防癌症

維他命C能把難以被吸收利用的三價鐵還原成二價鐵，促進腸道對鐵的吸收，提高肝臟對鐵的利用率，有助於治療缺鐵性貧血。此外，維他命C可以合成膠原蛋白，其抗氧化作用可抵抗自由基對細胞的傷害，防止細胞的變異。也能阻斷強致癌物亞硝胺的形成，有助於防止癌細胞的擴散。

2. 保護細胞和肝臟

維他命C是一種強抗氧化劑，它本身被氧化，而還原氧化型穀胱甘肽還原型谷胱甘肽，進而發揮抗氧化作用，維持細胞的完整性和代謝。維他命C還能夠提高酶的活性，清除自由基，阻止脂肪過氧化及某些化學物質的毒害作用，保護肝臟的解毒能力和細胞的正常代謝。

3. 提高人體的免疫力

人體內的白血球含有豐富的維

他命C，當白血球內的維他命C急劇減少的時候，人體就容易受到細菌感染。維他命C可以促進淋巴母細胞的生成，提高生物體對外來細胞及變異細胞的識別度和消滅力，能抑制病毒的增生。

4. 其他功能

維他命C可以改善膽固醇的代謝、預防心血管疾病。也能促進骨質膠原蛋白的生物合成，幫助細胞組織傷口快速癒合、促進牙齒和骨骼的生長、防止牙床出血等。

缺乏維他命C的症狀

1. 容易骨折

維他命C在人體內最重要的功用是製造和修補身體內的蛋白質，其中膠原蛋白是骨骼、皮膚、血管，及其他器官基本的材料。維他命C如果過低，就會導致骨質鈣化不正常，及傷口癒合困難等，並且骨骼容易畸形、骨折。

2. 導致心臟衰竭

缺少維他命C會造成心肌和肌肉纖維衰退，導致大出血和心臟衰竭，嚴重時有猝死的危險。

3. 引起多種疾病

缺少維他命C的話，全身可能會出現大面積出血點、毛囊角化、關節腫脹等。嚴重者皮下、肌肉、關節等會形成血腫，黏膜部位有出血現象，常有流鼻血、月經過多、便血症狀，以及牙齦腫脹出血、牙床潰爛、萎縮而引起牙根外露，甚至脫落。

維他命C攝取不足的原因

1. 烹調導致流失

維他命C是一種水溶性、不耐高溫的維他命，極容易隨著清洗、烹調損失。食用新鮮蔬菜和水果較少的人容易缺乏維他命C。

2. 生長和儲存環境不當

水果為了預防蟲害及日曬，在種植生長過程中，用紙袋包裹起來，會造成維他命C含量降低；夏季水果豐收，儲藏於冷凍庫，冬天再食用時，其維他命C含量也會減少。

許多人喜歡買大量水果放入冰箱，而水果存放的時間越長，維他命C的損失就越多。

3. 吸菸者

吸菸會阻礙人體對維他命C的吸收，而且菸草中的尼古丁對維他命

C具有破壞作用，因此，經常吸菸的人較易缺乏維他命C。

4. 運動員、勞動者

進行激烈運動或重體力勞動的人，也會因流汗過多而損失大量的維他命C。

維他命C ——Data

食物來源

■主要食物來源為蔬菜與水果，如青江菜、韭菜、菠菜、青椒等綠色蔬菜。
■柑橘、柚子等水果，含維他命C量較高。
■野生的莧菜、苜蓿芽、刺梨（仙人掌果實）、奇異果、棗子等含維他命C也相當豐富。

文獻記載

■西元1740年，一位英國海軍上將帶領近2000名海員航行。航行期間，他們天天吃經過高壓、高溫烹製的罐頭，只有部分糧食是現煮的。結果從第4個月開始就有船員出現牙齦出血、皮膚乾燥、傷口癒合遲緩等。在1744年返航時只剩下一半的船員。當時，人們並不知道這是什麼病，以為是一種傳染性瘟疫，並根據症狀起名為壞血病。
■同年，在大雪封山的地區和長期吃不到新鮮蔬菜的地區，人們又發現了同樣的疾病。於是，就有科學家研究發現，食用橘子和檸檬汁可以有效預防和治療。這些食物的有效成分就稱為抗壞血酸，也就是後來所說的維他命C。

維他命 D（vitamin D）

●**保健功效**：預防罹患癌症、骨骼和牙齒的保健、維護新生兒的健康。

認識維他命D

維他命D又稱鈣化醇（Calciferol），是一種脂溶性維他命，被稱為「陽光維他命」、抗佝僂病維他命等。它的種類很多，以維他命D2（麥角鈣化醇）和維他命D3（膽鈣化醇）兩種較為重要。

外食攝取補充的維他命D會經由小腸壁與脂肪一起被吸收。皮膚照射到紫外線者，皮膚上的油脂就可以製造出維他命D，然後被吸收進入體內。但是如果是強烈的日曬灼傷，皮膚就會停止製造維他命D。

維他命D主要的功能

1. 預防罹患癌症

維他命D具有防治癌症的作用。可以減少癌細胞腫瘤發生和惡化的機會、抑制前列腺癌及降低發生結腸癌的風險。

2. 骨骼和牙齒的保健

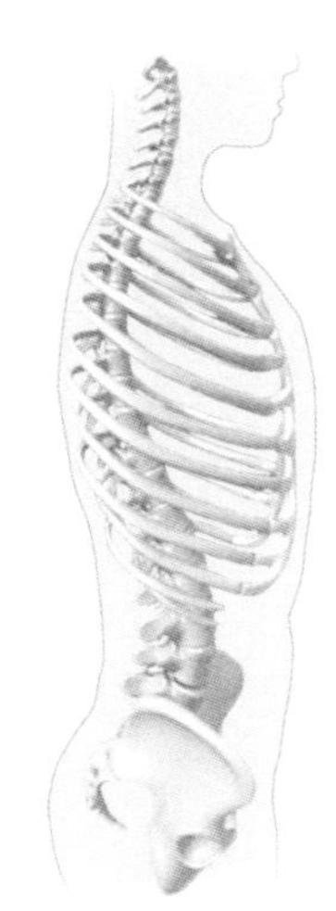

維他命D的主要生理功能是：調節鈣、磷的代謝、促進鈣、磷的吸收，讓鈣和磷有效地被利用，促進新生骨質的鈣化並有助於強健骨骼和牙齒。

3. 維護新生兒的健康

維他命D和維他命A、維他命C同時服用，可促進維他命A和維他命C被有效吸收，預防感冒並有助於結膜炎的治療，保護新生兒的健康。

缺乏維他命D的症狀

1. 引發佝僂病(備註1)及軟骨症(備註2)

缺乏維他命D時，兒童可能引發佝僂病、全身代謝障礙、發育不良。表現為夜間驚啼、頭部多汗、煩躁不安、腸內脹氣引起腹部膨大，最終引起骨骼變化。成人如果缺乏維他命D，則可能引起軟骨症，尤其是哺乳期婦女和體弱的老人更為明顯。

2. 引起肌肉痙攣

嬰幼兒手足抽搐主要是因為血清鈣濃度的降低，增加神經肌肉興奮，引起局部或全身肌肉痙攣。

3. 幼年型糖尿病

缺少維他命D會導致兒童患幼年型糖尿病，導致肥胖、發育太快等問題。維他命D的攝取量不足，通常是幼年型糖尿病患者發病的主要原因之一。

4. 引發眼部疾病

維他命D與眼部的健康也有密切的關係，缺乏維他命D會引起先天性白內障、兒童高度近視、角膜潰瘍、角膜炎等疾病。

維他命D攝取不足的原因

1. 日光照射不足

在秋冬季節出生或住都市的小孩，因為戶外活動太少，又經常在遊戲機、電腦前消磨時間，或是不喜歡參加體育運動。日光照射不足是他們缺乏維他命D的主要原因之一。

2. 其他因素作用

食物中有一些其他的營養元素，像是食物中鈣的攝取量、鈣和磷比例、腸道酸鹼度等，都會間接影響維他命D的有效吸收。

佝僂病（rickets）：因為小孩缺少維他命D而導致，病因是骨頭無法礦物化，造成軟骨頭以及骨骼變形，無法正常發育。

軟骨病（osteomalacia）：多發於成人，骨頭強度減低及疼痛、肌肉無力等。但是因為剛開始的症狀通常很輕微，不容易被察覺。

維他命D——Data

食物來源

■天然的維他命D來自於動物和植物，如海水魚的肝含有較多的維他命D_3，人們把它提煉出來，做成魚肝油，用來預防佝僂病。

■魚卵、蛋黃和奶類也含有少量的維他命D_3；植物（新鮮蔬菜）中的麥角固醇經過紫外線照射則會變成麥角鈣化醇，即維他命D_2。蕈類、酵母、乾菜中也含維他命D_2。以上都總稱為外源性維他命D。

■內源性維他命D則是人體經過日光中紫外線的直接照射後產生的，是維他命D的主要來源。有資料顯示，兒童每日在陽光下曬上兩個小時左右，就足夠滿足一天對維他命D的需求。

文獻記載

■西元1824年，有人發現魚肝油可以治療佝僂病。

■西元1918年，英國的梅蘭比爵士證實佝僂病是一種營養缺乏症，但他當時誤認為是缺乏維他命A所致。

■20世紀初，人們才確定缺乏維他命D就是引起佝僂病的真正原因，並分離出純質的維他命D。

維他命 E (vitamin E)

●保健功效：預防腦中風以及心臟病、提高身體的免疫力、延緩身體衰老、維持肌肉、神經、血管和造血系統正常。

認識維他命E

維他命E又稱生育酚（tocopherol）或產妊酚，維他命E可以防止細胞老化，有人稱之「長生不老丹」。

為一種淡黃色的油狀物質，在無氧的鹼性環境中性質穩定，抗熱性強，屬於脂溶性維他命，人體不能自行合成，必須依靠外在補充。

維他命E主要的功能

1. 預防腦中風及心臟病

維他命E可以增強細胞的抗氧化作用，有利於維持各種細胞膜的完整性，保持細胞膜結合酶的活力防止血管中的血液凝固。並可維持動脈裡的血液暢通，預防膽固醇及三酸甘油脂阻塞血管，避免腦中風以及心臟病。

2. 提高身體的免疫力

維他命E可以參與身體中細胞組織的代謝。提高身體的免疫力，預防貧血和癌症。

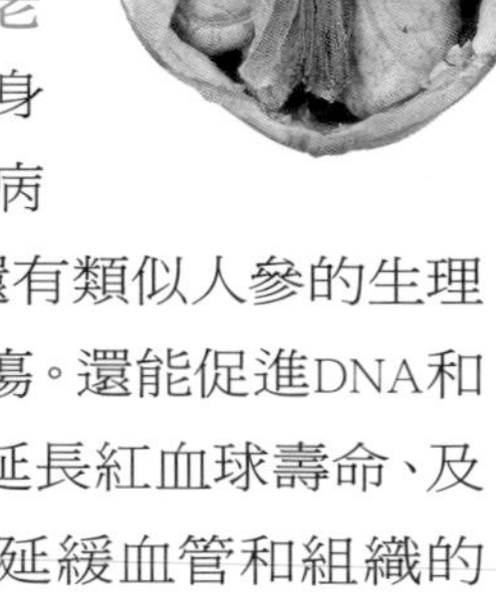

3. 延緩身體衰老

除了幫助身體預防多種疾病之外，維他命E還有類似人參的生理作用，保護胃潰瘍。還能促進DNA和蛋白質的合成，延長紅血球壽命、及增強免疫活性。延緩血管和組織的衰老，保護細胞不受到損傷等，達到抗老化的目的。

4. 其他生理功能

維他命E還有其他許多重要的生理功能。像是可以改善末梢血液循環，防止動脈硬化和維持紅血球、白血球、腦細胞、上皮細胞的完整性，及維持肌肉、神經、血管和造血系統的功能正常等。

缺乏維他命E的症狀

1. 溶血性貧血

人體如果是長期缺乏維他命E，就會因紅血球的溶血不足，而引起輕度溶血性貧血。

2. 身體機能及心智衰退

缺乏維他命E可能會導致人體出現心肌異常、四肢無力、容易出汗、反應遲鈍、沒有精神等症狀，引起身體機能和心智的衰退。還會引起女性的月經失調、手腳冰冷等症狀。

3. 影響視力健康

缺乏維他命E會影響視力，並容易罹患白內障等疾病，嚴重者甚至會導致失明。還有可能引起其他如腸胃不適、陽萎、水腫、皮膚感染、肌肉衰弱等症狀。

維他命E攝取不足的原因

因為維他命E遇到光、熱、鹼等，都容易受到破壞，所以在食品加工過程中會造成大量損失。

某些患有脂肪消化和吸收不良的成年人，都比較容易缺乏維他命E。如果不飽和脂肪酸攝入過多時，也會增加維他命E的消耗，引起體內維他命E的不足。

服用維他命E時的注意事項

維他命E最好不要與下列這些原有藥物同時服用。

(1) 維他命E和維他命K有互相拮抗的作用，最好不要同時服用。

(2) 維他命E可以增強中藥中洋地黃的強心功能，服用此類藥物的病人必須謹慎地服用維他命E，以免發生洋地黃中毒；新黴素會影響人體對維他命E的吸收，若同時服用，兩者的藥效都可能會降低。

(3) 如果需要同時服用雌激素，需注意使用劑量，以免誘發血栓性靜脈炎。

(4) 阿司匹靈和維他命E都具有抗凝血作用，如果二者需要合用，阿司匹靈的劑量必須減少，並且兩種藥應該相隔半小時再服用，以免發生血栓等不良反應。

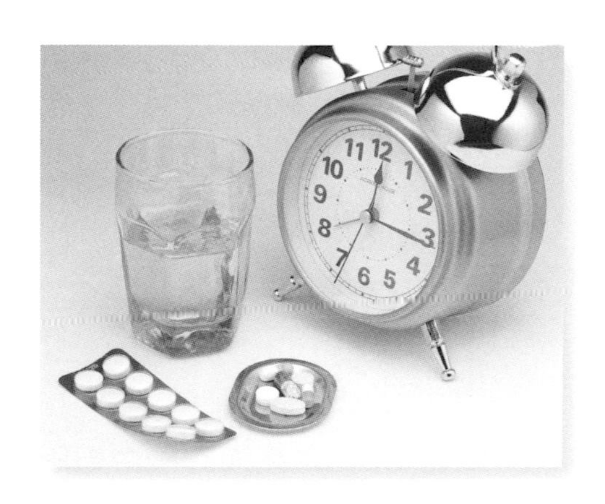

維他命E——Data

食物來源

■維他命E在食用油、水果、蔬菜及穀類糧食中均廣泛存在。

■其他富含維他命E的食物有：玉米、黃豆、全麥、植物油、深綠色蔬菜、添加營養素的麵粉、未精製的穀類製品等。其中，小麥胚芽中維他命E最為豐富。另外，杏仁、核桃等堅果類食材，以及菠菜、番薯、山藥等，都含有大量的維他命E。

文獻記載

■西元1922年，醫學家發現酸敗的豬油會引起大白鼠不育症，而在其食物中加入全麥粉和萵苣，就可恢復牠的生殖能力。

■其後，醫學家發現小麥胚芽油中含有一種能促進生殖能力的維他命。西元1924年，科學家將之命名為維他命E。

維他命 F（vitamin F）

●**保健功效**：幫助鈣離子被吸收、保持皮膚和毛髮的健康、降低膽固醇堆積。

認識維他命F

維他命F又稱亞麻油酸、花生油酸，是一種人體必需脂肪酸，它由食物中的不飽和脂肪酸製造而成，不耐高溫、易氧化。

脂肪並非都是不好的物質，它進入體內會被分解成三酸甘油脂和脂肪酸。不同食物中的脂肪會分解成不同的脂肪酸。這些脂肪酸依其碳鍵飽和度可分為飽和脂肪酸和不飽和脂肪酸。單元不飽和脂肪酸可以降低LDL（壞膽固醇），稍微升高HDL（好膽固醇），具抗氧化劑的特質，可以保護動脈血管。

維他命F主要的功能

1. 幫助鈣離子吸收

現今對於維他命F的認識還不是太深。已經知道的功能是它可以保護人體，防止X光線對人體的危害。並幫助鈣離子被身體的細胞吸收利用。

2. 保持皮膚和毛髮的健康

維他命F可以轉化成不飽和脂肪酸，幫助身體代謝並減肥，並有助於延緩皮膚衰老及幫助皮膚保濕、保持毛髮的健康。

3. 降低膽固醇堆積

可以幫助降低血管中膽固醇含量，以及改善高血壓、減少罹患心臟疾病與中風的機率等。進而增進身體發育健康和成長。

缺乏維他命F的症狀

缺乏維他命F時，皮膚會失去光澤，也容易長出濕疹和粉刺。除了攝取進入人體中運用之外，維他命F也經常用於保養品之中，維持皮膚水嫩。

維他命F攝取不足的原因

平常攝取大量碳水化合物的人容易缺乏維他命F。經常食用經高溫烹調的食物或不飽和脂肪酸攝取不足者，都會導致缺乏維他命F。每天最好可以攝取4公克的亞麻油酸，只要每天吃3~4匙的大豆油、葵花子油等植物油就可以了。

維他命F ——Data

食物來源

- 維他命F主要存在於植物性的油脂中，如：麥芽、亞麻種子、紅花子、黃豆等。
- 其他像是花生、葵花子、核桃、酪梨的種子中，也都含有豐富的維他命F。

文獻記載

- 維他命F最初是用來表示人體必需而又不能自身合成的脂肪酸，因為脂肪酸的英文名稱（Fatty Acid）以F開頭。但是因為維他命F是構成脂肪的主要成分，而脂肪在生物體內也是一種能量來源。

維他命 K（vitamin K）

●保健功效：輔助治療疾病、預防骨質疏鬆症、預防血栓和頭痛。

認識維他命K

維他命K，又稱為凝血維他命，是一種脂溶性維他命。維他命K受紫外線照射容易被破壞，故要避光保存。

維他命K有三種：K_1、K_2、K_3，人們統稱為維他命K。其中，最常見的有維他命K_1和K_2，維他命K_1由植物合成的，維他命K_2則由微生物合成。現代維他命K已經可以用人工合成了，而且人工合成的維他命K_3臨床上被普遍應用。維他命K_1是一種黃色油狀物，維他命K_2則是淡黃色結晶，都具有耐熱性。

維他命K主要的功能

1. 輔助治療疾病

維他命K是一種凝固血液的營養元素，具有抗出血作用，可用於婦產科和外科手術止血。還可輔助治療慢性肝炎、肝癌、多發性肝硬化、營養不良、排便障礙和痢疾等疾病。

2. 預防骨質疏鬆症

維他命K可防治骨質疏鬆症。長期注射維他命K可增強甲狀腺內分泌的活性等作用。

3. 預防血栓和頭痛

人工合成的維他命K為水溶性，可用於口服或注射。維他命K可防止血栓的形成、增加腸道蠕動。還可預防各種類型的偏頭痛。

缺乏維他命K的症狀

1. 引起出血症

維他命K在身體中的作用和肝臟合成的四種凝血蛋白有關。如果缺乏維他命K_1，則肝臟合成的凝血蛋白就會變成異常蛋白質分子，其催化凝血作用的能力就會大為下降，導致身體出現凝血遲緩和出血病症。

2. 引起其他病症

人體缺乏維他命K時，可能導致平滑肌張力及收縮力減弱。它還會影響身體內激素的代謝，如延緩糖皮質激素在肝臟中的分解。此外，缺乏維他命K常見於膽管阻塞、脂肪下痢、長期服用抗生素的病患以及新生兒，讓他們服用維他命K後，大部分都可以改善這些不適症狀。

維他命K攝取不足的原因

1. 嬰兒腸道無法合成

維他命K_2主要由腸道菌合成，嬰兒在剛出生的幾天，腸道是無菌的，所以無法合成，處於缺乏狀態。

2. 部分疾病影響吸收

患有慢性腹瀉的人，由於腸道消化不良也會影響身體對維他命K的吸收。患有膽管疾病的患者，也會缺乏維他命K。其他如：膽結石、膽管炎症引起的總膽管阻塞，也會導致缺乏膽汁而影響維他命K的吸收。

維他命K——Data

食物來源

■維他命K的主要來源有兩方面，一是腸道內細菌合成，其次是從食物中攝取。

■維他命K廣泛存在於各種食物中，其中富含維他命K的糧食作物和蔬菜的品種較多，動物性食品則較少。

■植物性食品主要有：綠茶、南瓜、花椰菜、香菜、萵苣、小麥、玉米、燕麥、馬鈴薯、青豆、豇豆等。

文獻記載

■西元1940年左右，學者們分別從苜蓿中提煉出了油狀的維他命K_1。從腐敗魚粉中提煉出了結晶體狀的維他命K_2。隨後科學家們很快地合成了一系列具有抗出血活性的衍生物。

第三章

維他命也是「**毒藥**」

維他命A 過量 ▶▶▶ 疲倦無力

● **症狀：**無力、多汗、噁心、嘔吐、食慾不振、頭痛等。

☹ 維他命A中毒的症狀

長期過量服用維他命A，會造成嚴重中毒甚至死亡。如果不是一次大量服用維他命A，而是經過數週或是數年，反覆服用，而且服用劑量為建議攝取量的10倍以上，則會造成維他命A慢性中毒。

維他命A中毒的表現症狀為疲倦無力、多汗、噁心、嘔吐、食慾不振、頭疼、顱內壓增高、眼球突出、近視、皮膚乾燥、皮膚炎、皮膚搔癢、色素沉澱、毛髮脫落、關節疼痛、關節周圍組織鈣化、發育停止、肝脾腫大、低色素性貧血、中性粒細胞減少、血小板減少等。

另外，對於胎兒來說，如果孕婦在懷孕早期大量服用維他命A，胎兒可能會按器官形成的順序，形成無腦症、眼部缺陷、齶裂、脊柱裂、肢體缺陷等畸形。或是導致胎兒出現泌尿道畸形以及先天性白內障。

如果孕婦一次性大劑量服用，則會造成急性中毒，數小時後即會出現煩躁、昏睡、眩暈、昏迷、噁心、嘔吐、腹瀉、頭痛、視神經乳突水腫、凸眼、視力障礙，嬰兒顱內壓增高、皮膚紅斑等症狀，只要停止服用數天，症狀即消失。血液檢查的結果呈現為低凝血酶原、低蛋白血症、血清鹼性磷酸酶增高、血脂增高等。

☹需要補充維他命A之對象

1. 糖尿病患者

糖尿病患者無法在體內將β-胡蘿蔔素轉化成為維他命A，因此需要直接補充維他命A。

2. 孕婦

孕婦缺乏維他命A會影響胎兒生長發育，引起胎兒生理缺陷，如：中樞神經、眼、耳、心血管、泌尿生殖系統出現異常。因此，懷孕期間，準媽媽對維他命A的需求量比懷孕前更多，所以在妊娠早期，母親血液中維他命A的濃度會下降，晚期則會上升，臨產時降低，產後又重新上升，所以適當補充維他命A對於準媽媽來說是絕對必要的。

3. 經常使用電腦者

經常近距離盯著電腦螢幕者，會大量消耗體內的維他命A，所以平時工作上需要頻繁使用電腦的人群，應該適當攝取維他命A。

4. 青少年

維他命A對骨骼、細胞及身體組織的生長有很大的功用，可以促進青少年身體的發育。生長中的青少年要多加注意攝取。

Memo

如何減輕維他命A中毒症狀？

對於維他命A慢性中毒來說，停藥和支援療法(備註1)至數月才能完全恢復正常。如果是維他命A急性中毒，皮質激素和維他命C可以減輕其毒性反應。

支援療法：又稱為「支援性心理療法」或「一般性心理療法」，是心理醫生應用心理學的方法，採取勸導、啟發、鼓勵、消除疑慮、支持、同情、說服、保證等方式，指導病人分析、面對他目前面臨的問題，鼓勵病人發揮自己最大的潛能和優勢，面對各種困難或心理壓力，以度過心理危機，而達到治療的目地。

●國人每日膳食營養素(維他命A)參考攝取量

(單位)

年齡		身高(cm)		體重(kg)		微克(μg RE)	
0月~		57		5.1		AI=400	
3月~		64.5		7.0		AI=400	
6月~		70		8.5		AI=400	
9月~		73		9.0		AI=400	
1歲~		90		12.3		400	
4歲~		110		19		400	
7歲~		129		26		400	
		男	女	男	女	男	女
10歲~		146	150	37	40	500	500
13歲~		166	158	51	49	600	500
16歲~		171	161	60	51	700	500
19歲~		169	157	62	51	600	500
31歲~		168	156	62	53	600	500
51歲~		165	153	60	52	600	500
71歲~		163	150	58	50	600	500
懷孕	第一期					+0	
	第二期					+0	
	第三期					+100	
哺 乳 期						+400	

1. AI為足夠攝取量Adequate Intakes值,未標明AI值者,即為RDA(建議量Recommended Dietary Allowance)值。
2. 年齡以足歲計算。
3. R.E.(Retinol Equivalent)即視網醇當量。 1μg R.E.=6μg β-胡蘿蔔素(β-Carotene)。

*資料來源:行政院衛生署消費者資訊網

維他命B_1過量 ▶▶▶ 頭痛

● **症狀**：頭痛、浮腫、發抖、頭昏眼花、疲倦、食慾減退、腹瀉等。

☹維他命B_1中毒的症狀

一般情況下，服用維他命B1如果每天超過10公克，就會容易引起頭痛、浮腫、發抖、頭昏眼花、疲倦、食慾減退、腹瀉等現象。臨產孕婦如果大量服用維他命B_1，則會造成產後出血不止。

維他命B_1是一種價格低廉而且可以人工合成的維他命，有許多人以為多服用維他命B_1的膠囊或少數幾種複合的維他命B群，就可以補充體力。其實，維他命B群的作用是相輔相成的，單獨攝取任何一種或是其中數種，只會增加其他未補充的維他命B群需要量，而攝取不足的部分反而容易造成身體異常。

我曾看過有一位勞累過度的女裁縫師，她以為每天大量地服用維他命B_1可以消除疲勞。持續服用兩年後，只有38歲的她看起來卻像60歲。她兩眼充血、臉上佈滿皺紋，頭髮在一年之間幾乎掉光，只剩下稀疏的白髮。經常抽搐、失眠，因焦慮過度而感到沮喪，膝蓋內側皮膚長滿濕

Memo

Q 多吃維他命B_1會更有精神？

A 維他命B群的作用是相輔相成的，不可以單獨攝取任何一種或是其中數種，這樣只會增加其他未補充的維他命B群需要量，而這些攝取不足的部分反而容易造成身體異常。

疹，幾乎無法坐下。

有許多類似的例子，都是因為患者盲目地服用維他命B_1所引起的。像這樣對維他命一知半解的知識其實非常危險。身體缺乏某種維他命時，由飲食中加以補充就能有所改善；如果攝取過量，超過身體所需，反而有害而無益。

☹需要補充維他命B_1之對象

1. 生活習慣不良者

有抽菸、喝酒習慣的人，或是特別喜歡吃甜食，尤其是含有砂糖類的食物的人，都要注意增加維他命B_1的攝取量。

2. 懷孕、哺乳期婦女

婦女在孕期、哺乳期，或是正在服用避孕藥的女性，都需要補充大量的維他命B_1。

3. 有胃疾或是壓力大者

有胃疾之人，通常在飯後必須服用胃酸抑制劑者。或是目前生活上處於緊張狀態的人，如：生病、焦慮、受到精神打擊、手術完成後患者等，都需要補充所有充足的維他命B群，也就是說應該加強服用複合性維他命B群的製劑。

●國人每日膳食營養素（維他命B1）參考攝取量

（單位）

年齡	身高(cm)		體重(kg)		毫克(mg)	
0月~	57		5.1		AI=0.2	
3月~	64.5		7.0		AI=0.2	
6月~	70		8.5		AI=0.3	
9月~	73		9.0		AI=0.3	
1歲~	90		12.3			
（稍低）					0.5	
（適度）					0.6	
	男	女	男	女	男	女
4歲~	110		19			
（稍低）					0.7	0.7
（適度）					0.8	0.7
7歲~	129		26.4			
（稍低）					0.9	0.8
（適度）					1.0	0.9
10歲~	146	150	37	40		
（稍低）					1.0	1.0
（適度）					1.1	1.1
13歲~	166	158	51	49		
（稍低）					1.1	1.0
（適度）					1.2	1.1
16歲~	171	161	60	51		
（低）					1.0	0.8
（稍低）					1.2	1.0
（適度）					1.3	1.1
（高）					1.5	1.2
19歲~	169	157	62	51		
（低）					1.0	0.8
（稍低）					1.1	0.9
（適度）					1.3	1.0
（高）					1.4	1.1

年齡	身高(cm)		體重(kg)		毫克(mg)	
31歲~	168	156	62	53		
（低）					0.9	0.8
（稍低）					1.1	0.9
（適度）					1.2	1.0
（高）					1.4	1.1
51歲~	165	153	60	52		
（低）					0.9	0.8
（稍低）					1.0	0.9
（適度）					1.1	1.0
（高）					1.3	1.1
71歲~	163	150	58	50		
（低）					0.8	0.7
（稍低）					1.0	0.8
（適度）					1.1	1.0
懷孕 第一期					+0	
懷孕 第二期					+0.2	
懷孕 第三期					+0.2	
哺乳期					+0.3	

1. AI為足夠攝取量Adequate Intakes值，未標明AI值者，即為RDA（建議量Recommended Dietary Allowance）值。
2. 年齡以足歲計算。
3. 「低、稍低、適度、高」表示生活活動強度之程度。

*資料來源：行政院衛生署消費者資訊網

維他命B2 過量 ▶▶▶ 皮膚搔癢

● **症狀**：搔癢症、麻痺、刺痛、灼熱等。

☹維他命B2中毒的症狀

維他命B2雖然沒有毒性，但是服用過量時可能會出現皮膚搔癢症、麻痺、刺痛、灼熱等症狀。目前研究顯示，其主要成分「核黃素」在水中的溶解度較小，腸道吸收有限，故在正常腎功能狀況下，幾乎不產生毒性。而且大部分都會從尿中排出，使尿液呈黃綠色。

☹需要補充維他命B2之對象

1. 懷孕、哺乳期婦女及減肥者

長期服用避孕藥的女生，或是懷孕中、哺乳期的婦女等，都需要補充更多的維他命B2。維他命B2可以加速脂肪燃燒和代謝，適量攝取可以讓減肥的人達到事半功倍的效果。

2. 腸胃潰瘍、糖尿病患者

患有腸胃潰瘍，或是糖尿病等，必須長期進行飲食控制的人，較易產生維他命B2缺乏的現象。

3. 容易精神緊張者

平常容易精神緊張的人，必須增加複合維他命B2的攝取量，與維他命B3、維他命B6及維他命C一起服用，效果最好。

Memo

服用過量的維他命B2怎麼辦？

維他命B2過量時，只要立刻停止服用，數天就可以恢復正常了。

國人每日膳食營養素(維他命B2)參考攝取量

年齡	身高(cm)		體重(kg)		毫克(mg)	
0月~	57		5.1		AI=0.3	
3月~	64.5		7.0		AI=0.3	
6月~	70		8.5		AI=0.4	
9月~	73		9.0		AI=0.4	
1歲~	90		12.3			
(稍低)					0.6	
(適度)					0.7	
	男	女	男	女	男	女
4歲~	110		19			
(稍低)					0.8	0.7
(適度)					0.9	0.8
7歲~	129		26.4			
(稍低)					1.0	0.9
(適度)					1.1	1.0
10歲~	146	150	37	40		
(稍低)					1.1	1.1
(適度)					1.2	1.2
13歲~	166	158	51	49		
(稍低)					1.2	1.1
(適度)					1.4	1.3
16歲~	171	161	60	51		
(低)					1.1	0.9
(稍低)					1.3	1.0
(適度)					1.5	1.2
(高)					1.7	1.3
19歲~	169	157	62	51		
(低)					1.1	0.9
(稍低)					1.2	1.0
(適度)					1.4	1.1
(高)					1.6	1.3

(單位)

年齡	身高(cm)		體重(kg)		毫克(mg)	
31歲~	168	156	62	53		
(低)					1,0	0.9
(稍低)					1.2	1.0
(適度)					1.3	1.1
(高)					1.5	1.3
51歲~	165	153	60	52		
(低)					1.0	0.8
(稍低)					1.2	1.0
(適度)					1.3	1.1
(高)					1.4	1.3
71歲~	163	150	58	50		
(低)					0.9	0.8
(稍低)					1.0	0.9
(適度)					1.2	1.0

1. AI為足夠攝取量Adequate Intakes值，未標明AI值者，即為RDA(建議量Recommended Dietary Allowance)值。
2. 年齡以足歲計算。
3. 「低、稍低、適度、高」表示生活活動強度之程度。

*資料來源：行政院衛生署消費者資訊網

維他命B3 過量 ▶▶▶ 肝臟損傷

●症狀：臉部潮紅、搔癢、刺痛、損傷肝臟等。

☹維他命B3中毒的症狀

醫界研究發現，服用維他命B3（菸鹼酸、菸鹼素）過量，會導致臉部和肩膀皮膚潮紅，以及引起胃部不適、血糖升高等症狀。但是目前並沒有文獻發現，由天然的食物中攝取菸鹼素，是否會有毒害的問題。

根據少數的研究顯示，過量的服用補充劑及強化菸鹼素的食物、藥物等，會產生毒性反應。一般會導致臉部潮紅、皮膚搔癢、刺痛等。長期高劑量服用可能損害肝臟，但是這樣高的劑量多使用於醫療上，一般民眾並沒有此問題，只要不超過上限攝取量就可以了。

☹需要補充維他命B3之對象

1. 某些慢性疾病患者

有膽固醇過高者，或是情緒經常緊張、暴躁者，甚至患有精神分裂症者，還有糖尿病患者、甲狀腺機能亢進者等，都需補充維他命B3。

2. 皮膚狀況不佳者

缺乏維他命B3早期的症狀是皮膚對太陽光線特別敏感。所以如果有皮膚炎、脫皮、粗糙的困擾，需要適量補充維他命B3。

3. 身體無法自行合成者

如果本身體內缺乏維他命B1、維他命B2和維他命B6，就無法由人體自行合成維他命B3，必須額外補充。

●國人每日膳食營養素（維他命B3）參考攝取量

（單位）

年齡	身高(cm)		體重(kg)		(mg NE)	
0月~	57		5.1		AI=2mg	
3月~	64.5		7.0		AI=3mg	
6月~	70		8.5		AI=4	
9月~	73		9.0		AI=5	
1歲~	90		12.3			
（稍低）					7	
（適度）					8	
	男	女	男	女	男	女
4歲~	110		19			
（稍低）					10	9
（適度）					11	10
7歲~	129		26.4			
（稍低）					12	10
（適度）					13	11
10歲~	146	150	37	40		
（稍低）					13	13
（適度）					14	14
13歲~	166	158	51	49		
（稍低）					15	13
（適度）					16	15
16歲~	171	161	60	51		
（低）					13	11
（稍低）					16	12
（適度）					17	14
（高）					20	16
19歲~	169	157	62	51		
（低）					13	11
（稍低）					15	12
（適度）					17	13
（高）					18	15

年齡	身高(cm)		體重(kg)		(mg NE)	
31歲~	168	156	62	53		
（低）					12	10
（稍低）					14	12
（適度）					16	13
（高）					18	15
51歲~	165	153	60	52		
（低）					12	10
（稍低）					13	12
（適度）					15	13
（高）					17	15
71歲~	163	150	58	50		
（低）					11	10
（稍低）					12	11
（適度）					14	12
懷孕 第一期					+0	
懷孕 第二期					+2	
懷孕 第三期					+2	
哺乳期					+4	

1. AI為足夠攝取量Adequate Intakes值，未標明AI值者，即為RDA（建議量Recommended Dietary Allowance）值。
2. 年齡以足歲計算。
3. R.E.（Retinol Equivalent）即視網醇當量。 1μg R.E.=6μg β-胡蘿蔔素（β Carotene）。
4. N.E.（Niacin Equivalent）即菸鹼素當量。
5. 「低、稍低、適度、高」表示生活活動強度之程度。

*資料來源：行政院衛生署消費者資訊網

維他命B5 過量 ▶▶▶ 腹瀉

● 症狀：腹瀉。

☹ 維他命B5中毒的症狀

維他命B5（泛酸）本身不具有毒性，大量攝取可能會產生腹瀉症狀。如果每天攝取量超過20公克，就可能會出現腸內水分滯留的情況，但不會有生命危險。

雖然有些動物實驗中，觀察到腸道微生物可以製造泛酸，但是它在人體中的機制並不清楚。

☹ 需要補充維他命B5之對象

手腳經常感到刺痛的人，需要多補充維他命B5。另外，有過敏困擾的人、關節炎患者、服用抗生素者和服用避孕藥的婦女，都必須注意補充維他命B5。服用維他命B5也可以緩解精神緊張。

Memo

Q 什麼時候必須服用泛酸補充劑？

A 泛酸必須和其他維生素B群一起服用，效果最佳。在餐後1~1.5小時之內服用補充品，吸收效果最好。

●國人每日膳食營養素（維他命B5）參考攝取量

（單位）

年齡		身高（cm）		體重（kg）		毫克(mg)
0月~		57		5.1		1.8
3月~		64.5		7.0		1.8
6月~		70		8.5		1.9
9月~		73		9.0		2
1歲~		90		12.3		2
4歲~		110		19		2.5
7歲~		129		26		3.0
		男	女	男	女	
10歲~		146	150	37	40	4.0
13歲~		166	158	51	49	4.5
16歲~		171	161	60	51	5.0
19歲~		169	157	62	51	5.0
31歲~		168	156	62	53	5.0
51歲~		165	153	60	52	5.0
71歲~		163	150	58	50	5.0
懷孕	第一期					+1.0
	第二期					+1.0
	第三期					+1.0
哺乳期						+2.0

1. AI為足夠攝取量Adequate Intakes值，未標明AI值者，即為RDA（建議量 Recommended Dietary Allowance）值。
2. 年齡以足歲計算。

*資料來源：行政院衛生署消費者資訊網

維他命B6過量 ▶▶▶ 嗜睡

● 症狀：嗜睡、過敏性休克、感覺系統失調、運動神經失調等。

☹ 維他命B6中毒的症狀

如果大劑量的注射維他命B6，症狀輕微者會導致嗜睡，甚至會引發過敏性休克。如果長時間大量注射就容易成癮，嚴重者會產生依賴性感覺系統失調、運動神經失調，及對於神經系統永久性的傷害。

孕婦如果過量服用維他命B6則會危及胎兒的健康，造成嬰兒對維他命B6的依賴性。新生兒服用過量維他命B6則會引發代謝異常。

☹ 需要補充維他命B6之對象

1. 貧血、皮膚炎患者

患有貧血症、脂漏性皮膚炎、口舌發炎症等患者，都和缺乏維他命B6有關，應該適量補充維他命B6。

2.特定藥物服用者

另外，經常性服用避孕藥，或是有飲酒習慣者，或是一次攝入大量蛋白質、服用有拮抗維他命B6作用的藥物（如抗結核和藥物）時，都應該增加維他命B6的攝取量。

Memo

每天都必須補充維他命B6嗎？

是的。因為維他命B6雖然可以在腸內合成，但因為它不易留存在人體之中，所以必須每天攝取。

國人每日膳食營養素（維他命B6）參考攝取量

（單位）

年齡		身高（cm）		體重（kg）		毫克(mg)
0月~		57		5.1		AI=0.1
3月~		64.5		7.0		AI=0.1
6月~		70		8.5		AI=0.3
9月~		73		9.0		AI=0.3
1歲~		90		12.3		0.5
4歲~		110		19		0.7
		男	女	男	女	
10歲~		146	150	37	40	0.9
13歲~		166	158	51	49	1.1
16歲~		171	161	60	51	1.3
19歲~		169	157	62	51	1.4
31歲~		168	156	62	53	1.5
51歲~		165	153	60	52	1.5
71歲~		163	150	58	50	1.6
懷孕	第一期					+0.4
	第二期					+0.4
	第三期					+0.4
哺 乳 期						+0.4

1. AI為足夠攝取量Adequate Intakes值，未標明AI值者，即為RDA（建議量Recommended Dietary Allowance）值。
2. 年齡以足歲計算。

*資料來源：行政院衛生署消費者資訊網

維他命B9 過量 ▶▶▶ 皮膚過敏

● **症狀**：皮膚發紅、發癢、痙攣等。

☹維他命B9中毒的症狀

腎功能正常者，如果超量服用維他命B9（葉酸），會出現皮膚過敏的症狀，表現為皮膚發紅、發癢。

根據研究報告指出，如果給予大量葉酸，例如每日服用建議量的100倍以上，則可能引起痙攣。動物實驗結果顯示，注射大量葉酸可能沉積在腎臟，造成腎臟損傷。

☹需要補充維他命B9之對象

1. 孕婦

孕婦最需要補充葉酸，因為維他命B9對胎兒的生長發育相當重要。特別是懷孕初期的3個月內，快速成長的胎兒對母體中維他命B9的需求量大增，短時間內就可能耗盡母親體內的維他命B9。

2. 癲癇患者、酗酒者

抗癲癇藥物會抑制小腸中一種與維他命B9吸收有關的酶的作用，因此服用抗癲癇藥物者易缺乏維他命B9。酒精會影響維他命B9在小腸內的吸收，故酗酒者易導致缺乏維他命B9。另外，服用避孕藥也會影響維他命B9的吸收、利用。

Memo

維他命B9攝取過多怎麼辦？

只要立即減少用量，或者停止服用一個星期後，症狀就會消失了。

國人每日膳食營養素(維他命B9)參考攝取量

(單位)

年齡		身高(cm)		體重(kg)		微克(μg)
0月~		57		5.1		AI=65
3月~		64.5		7.0		AI=70
6月~		70		8.5		AI=75
9月~		73		9.0		AI=80
1歲~		90		12.3		150
4歲~		110		19		200
7歲~		129		26		250
		男	女	男	女	
10歲~		146	150	37	40	300
13歲~		166	158	51	49	400
16歲~		171	161	60	51	400
19歲~		169	157	62	51	400
31歲~		168	156	62	53	400
51歲~		165	153	60	52	400
71歲~		163	150	58	50	400
懷孕	第一期					+200
	第二期					+200
	第三期					+200
哺乳期						+100

1. AI為足夠攝取量Adequate Intakes值，未標明AI值者，即為RDA(建議量Recommended Dietary Allowance)值。
2. 年齡以足歲計算。

*資料來源：行政院衛生署消費者資訊網

維他命B_{12}過量 ▶▶▶ 心悸

●症狀：哮喘、皮膚濕疹、臉部浮腫、打寒顫、心悸、心前區痛，心絞痛等。

☹維他命B_{12}中毒的症狀

服用維他命B_{12}過量會出現哮喘、皮膚濕疹、臉部浮腫、打寒顫等過敏性反應，嚴重過敏者則會發生心悸、心前區痛，心絞痛病情加重或發作次數增加。此外，過量的維他命B_{12}會使人精神亢奮、難以入睡。

服用維他命B_{12}時不要攝取過量的維他命C，否則會影響身體的吸收。維他命B_{12}與其他的維他命B群和維他命A、C、E的吸收都有相輔相成的作用，和維他命B_9一起攝取時，可讓維他命B_{12}發揮最好的效果，很快讓人恢復活力。

☹需要補充維他命B_{12}之對象

經常大量喝酒者，或是發育中的兒童以及青少年，及女性在月經期間或月經前，適量補充維他命B_{12}都有益於身體健康。

老年人經常出現對維他命B_{12}吸收困難的情形，必須使用注射予以補充；尤其是素食者或是不吃蛋和奶製品者，因為他們對於維他命B群的攝取量較少，也需要注意補充維他命B_{12}。

國人膳每日食營養素（維他命B12）參考攝取量

（單位）

年齡	身高（cm）		體重（kg）		微克（μg）
0月~	57		5.1		AI=0.3
3月~	64.5		7.0		AI=0.4
6月~	70		8.5		AI=0.5
9月~	73		9.0		AI=0.6
1歲~	90		12.3		0.9
4歲~	110		19		1.2
7歲~	129		26		1.5
	男	女	男	女	
10歲~	146	150	37	40	2.0
13歲~	166	158	51	49	2.4
16歲~	171	161	60	51	2.4
19歲~	169	157	62	51	2.4
31歲~	168	156	62	53	2.4
51歲~	165	153	60	52	2.4
71歲~	163	150	58	50	2.4
懷孕 第一期					+0.2
懷孕 第二期					+0.2
懷孕 第三期					+0.2
哺乳期					+0.4

1. AI為足夠攝取量Adequate Intakes值，未標明AI值者，即為RDA（建議量Recommended Dietary Allowance）值。
2. 年齡以足歲計算。

*資料來源：行政院衛生署消費者資訊網

維他命C 過量 ▶▶▶ 腹瀉

● 症狀：皮膚紅疹、噁心、嘔吐、過敏性休克等。

☹維他命C中毒的症狀

不論口服或靜脈注射維他命C，都可能引起某些人發生過敏反應。主要表現為皮膚紅疹、噁心、嘔吐等，嚴重時甚至會發生過敏性休克，故不能濫用。

長期大量服用維他命C者，身體會改變原來體內的調節機制，加速對維他命C的分解與排泄，如果突然停用，身體卻仍會保持原有的代謝速度，導致維他命C缺乏，發生壞血病。所以如果必須停用，應該是逐漸減少劑量。

在正常情況下，維他命C不會導致人體中毒，但是如果服用不當，會產生如下列所述的不良反應或病症：

1. 腹瀉

每日服用1~4公克維他命C，會加速小腸蠕動，出現腹痛、腹瀉等症狀。

2. 胃出血

長期或大量口服維他命C，會發生噁心、嘔吐等現象。因為胃酸分泌增多，會讓胃部及十二指腸潰瘍疼痛加劇，嚴重者還可能變成胃黏膜充血、水腫，導致胃出血。

3. 結石

大量維他命C進入人體後，絕大部分會從肝臟代謝、分解，最終產物為草酸，草酸從尿液中排泄時成為草酸鹽。

根據研究發現，每日口服4公克維他命C，在24小時內，尿中草酸鹽的含量會由58毫克快速增加至620毫克。如果繼續服用，草酸鹽就會不斷增加，容易形成泌尿系統結石。維他命C呈酸性，會讓體內尿酸濃度增高，在這樣的情況下，會加速形成結石。

4. 貧血

長期大量服用維他命C，會因為減少腸道對維他命B_{12}的吸收，讓巨幼紅細胞性貧血的病情加劇惡化。如果病人先天性缺乏葡萄糖-6-磷酸脫氫酶，每日攝取維他命C超過5公克時，就會促使紅血球破裂，發生溶血現象而貧血，嚴重者可能危及生命。

5. 痛風

大量服用維他命C，會引起尿酸劇增，誘發痛風，導致關節、結締組織和腎臟等疾病。

6. 靜脈炎

靜脈注射維他命C時，如果速度過快，可能會眩暈或昏厥。而且維他命C對血管壁有刺激性，使用過久會產生靜脈炎，甚至形成血栓。

7. 月經性出血

人工流產的女性，如大量服用維他命C，三天後可能會引起月經性出血。

8. 嬰兒依賴性

孕婦連續大量服用維他命C者，會讓胎兒對該藥產生依賴性。嬰兒出生後，如果不繼續讓他服用維他命C，可能會發生壞血病，出現精神不振、牙齦紅腫出血、皮下出血，甚至有胃腸道、泌尿道出血等症狀。哺乳期的嬰兒大量服用維他命C，則可能出現不安、不眠、消化不良等。

Memo

維他命C可以用在保養嗎？

如果直接將維他命C塗抹在皮膚上，一旦接觸到紫外線，皮膚反而會變黑。因此，塗抹含維他命C保養品應在晚上進行。

9. 兒童骨骼疾病

兒童如果大量服用維他命C，可能罹患骨骼疾病，且發病率較高。

10. 不孕症

生育年齡的婦女如果長期大量服用維他命C，如每日劑量大於2公克，則會降低生育能力。

11. 免疫力降低

長期大量服用維他命C，可能會降低白血球的吞噬功能，使人體的抗病能力下降。

☹需要補充維他命C之對象

維他命C無法儲存於體內，過多時就會從尿液中排出。因此，每次小劑量的攝取會比一次大劑量的攝取更能被吸收。

如果有骨折、病毒感染、拔牙，或是手術後恢復期等情形，需要多補充維他命C。

每天蔬菜及水果分量攝取不足者、節食中或是長期服用藥物者、想增加抗氧化劑的攝取來預防老化者、老年人、懷孕或哺乳期的婦女，或是希望皮膚白皙、去斑美白者、精神壓力大的患者、生活環境暴露在污染物質中的人……等，都需要攝取更多的維他命C。

●國人每日膳食營養素（維他命C）參考攝取量

（單位）

年齡	身高（cm）		體重（kg）		毫克（mg）
0月~	57		5.1		AI=40
3月~	64.5		7.0		AI=40
6月~	70		8.5		AI=50
9月~	73		9.0		AI=50
1歲~	90		12.3		40
4歲~	110		19		50
7歲~	129		26		60
	男	女	男	女	
10歲~	146	150	37	40	80
13歲~	166	158	51	49	90
16歲~	171	161	60	51	100
19歲~	169	157	62	51	100
31歲~	168	156	62	53	100
51歲~	165	153	60	52	100
71歲~	163	150	58	50	100
懷孕 第一期					+10
懷孕 第二期					+10
懷孕 第三期					+10
哺乳期					+40

1. AI為足夠攝取量Adequate Intakes值，未標明AI值者，即為RDA（建議量Recommended Dietary Allowance）值。
2. 年齡以足歲計算。

*資料來源：行政院衛生署消費者資訊網

維他命D 過量 ▶▶▶ 腎衰竭

● **症狀**：虛弱無力、容易疲勞、迅速消瘦、皮膚和黏膜乾燥等。

☹ 維他命D中毒的症狀

維他命D過量會引起虛弱無力、容易疲勞、迅速消瘦、皮膚和黏膜乾燥、易受病毒感染、身體發熱等，也容易引起過敏反應。嚴重者甚至會引起腎功能衰竭及高血壓。

孕婦服用過量則會導致胎兒血鈣增高，出生後智力下降，胎兒腎、肺小動脈狹窄及高血壓等。

維他命D過量的具體症狀表現為以下幾點：

（1）消化系統：食慾不振、噁心、嘔吐、腹瀉，進而導致脫水、酸中毒、陣發性腹痛、肝脾腫大、胃及十二指腸潰瘍、便秘、急性胰腺炎等。

（2）神經系統：精神萎靡、煩躁、失眠、產生幻覺、半盲、哭鬧、抑鬱、昏睡、多汗、腦膜刺激性抽搐、意識障礙、肌張力下降、運動障礙等。

（3）泌尿系統：鈣質在腎臟內累積，會引起鈣化性腎功能不全、腎結石、腎曲小管鈣化、纖維化、腎小管上皮壞死，基底膜增厚，引起水腫、血尿、蛋白尿、尿頻、尿白血球增多。

（4）心血管系統方面：心肌及脈壁鈣化、電解質平衡失調、血中尿素增高、心血管鈣化、血鈣、血鈣增高，嚴重者會發生心力衰竭。

（5）慢性中毒：造成臟器或軟組織鈣化，如角膜、腎、關節周圍、血管及軟骨鈣化等。

☹ 需要補充維他命D之對象

1. 兒童和青少年

身體需要維他命D才能吸收鈣，兒童如果缺鈣則容易罹患佝僂病。造成牙齒發育緩慢，個子矮小，影響身體健康。根據研究顯示，亞洲地區的兒童通常飲食中維他命D的含量都很低，均需額外補充。正處在生長發育期的青少年，需要足量的維他命D，可以透過多曬太陽獲得。

2. 膚色深者

膚色越深的人越需要補充維他命D，因為色素的沉澱會降低皮膚從陽光中吸收維他命的能力。

3. 更年期者

處於更年期者、有骨質疏鬆症者，對於鈣的吸收非常重要，因此需要補充維他命D以促進鈣的吸收。

4. 新生兒、兒童佝僂病

要預防佝僂病，新生兒出生2周後，每日需服用0.01毫克維他命D。早產兒及雙胞胎的用量在前3個月內應加倍，即每日0.02毫克，以後改為每日0.01毫克。

兒童2歲以後生長速度減慢，戶外活動增多，食物變得多樣化，一般不易發生佝僂病，故不需加強維他命D。由於用在預防的劑量較小，可服用魚肝油滴劑或魚肝油丸比較方便。

此外，為了預防嬰兒佝僂病，孕婦及哺乳的母親都必須注意飲食調配，多吃富含維他命D及鈣、磷的食物，多曬太陽，孕期4~5個月後應加服鈣片及0.01毫克維他命D。

對已經患佝僂病的兒童，應根據病情所處的階段使用治療劑量的維他命D，並選擇單純維他命D製劑。魚肝油含有維他命A和維他命D，不適用於治療佝僂病，因為要達到治療用量，可能造成攝入大量的維他命A，而導致中毒。治療大致分為以下兩種：

（1）普通療法：初期佝僂病可每日口服0.12~0.25毫克單位維他命D；中期佝僂病，每日口服0.25~0.50毫克單位維他命D，持續1個月後，改為預防用量，恢復期可服用預防劑量。

（2）突擊療法：大劑量維他命D突擊療法，一般只用於嚴重佝僂病有併發症及不能口服的兒童。肌肉注射維他命D_2或維他命D_3每次0.75毫克，間隔一個月後，改服用預防劑量。但一般佝僂病不提倡使用突擊療法，以免引起維他命D中毒。

●國人每日膳食營養素(維他命D)參考攝取量

(單位)

年齡		身高(cm)		體重(kg)		微克(μg)
0月~		57		5.1		10
3月~		64.5		7.0		10
6月~		70		8.5		10
9月~		73		9.0		10
1歲~		90		12.3		5.0
4歲~		110		19		5.0
7歲~		129		26		5.0
		男	女	男	女	
10歲~		146	150	37	40	5.0
13歲~		166	158	51	49	5.0
16歲~		171	161	60	51	5.0
19歲~		169	157	62	51	5.0
31歲~		168	156	62	53	5.0
51歲~		165	153	60	52	10
71歲~		163	150	58	50	10
懷孕	第一期					+5.0
	第二期					+5.0
	第三期					+5.0
哺乳期						+5.0

1. AI為足夠攝取量Adequate Intakes值，未標明AI值者，即為RDA(建議量Recommended Dietary Allowance)值。
2. 年齡以足歲計算。

*資料來源：行政院衛生署消費者資訊網

維他命E 過量 ▶▶▶ 誘發癌症

● **症狀**：肌肉衰弱、疲勞、嘔吐和腹瀉等。

☹維他命E中毒的症狀

適量服用維他命E可以預防心血管疾病，並且具有防癌、抗癌和抗衰老的作用。但並不是吃越多越好，攝入過量反而有誘發癌症的可能。這一重大發現是由日本三重大學醫學院的川西正佑教授領導的研究小組經過長期的研究證實的。

成人服用相對大劑量的維他命E，會出現肌肉衰弱、疲勞、嘔吐和腹瀉。女性長期服用維他命E可能導致月經過多或是閉經。

長期服用大劑量維他命E可能引起各種疾病。其中較嚴重的有：血栓性靜脈炎或肺栓塞，或是兩者同時發生，這是由於大劑量的維他命E可能引起血小板聚集和形成。男女生都可能出現乳房肥大、頭痛、頭暈、暈眩、視力模糊、肌肉無力、皮膚皸裂、唇角炎、蕁麻疹等。

除了糖尿病或心絞痛的症狀會明顯加重之外。一般人還可能會出現激素代謝紊亂、凝血酶原降低、血中膽固醇和三酸甘油酯增加、血小板與活力增加，及免疫力減退等。

☹需要補充維他命E之對象

1. 年齡大於30歲者

隨著年齡的增長，人體內的維他命E含量會日趨下降，體內脂質的過氧化作用會不斷增強，皮膚需要更多的維他命E來去除自由基。

2. 少數疾病患者

心臟病、燙傷患者、更年期婦女、女性月經期間，以及四肢痲痺、欲提高受孕率、預防流感、防黑斑、防癌者，長期日曬或是想永保青春者、肺部受空氣污染、末梢血管循環不良、吸菸、喝酒者，都需要補充適量的維他命E。

●國人每日膳食營養素（維他命E）參考攝取量

（單位）

年齡		身高（cm）		體重（kg）		（mg α-TE）
0月~		57		5.1		3.0
3月~		64.5		7.0		3.0
6月~		70		8.5		4.0
9月~		73		9.0		4.0
1歲~		90		12.3		5.0
4歲~		110		19		6.0
7歲~		129		26		8.0
		男	女	男	女	
10歲~		146	150	37	40	10
13歲~		166	158	51	49	12
16歲~		171	161	60	51	12
19歲~		169	157	62	51	12
31歲~		168	156	62	53	12
51歲~		165	153	60	52	12
71歲~		163	150	58	50	12
懷孕	第一期					+2.0
	第二期					+2.0
	第三期					+2.0
哺乳期						+3.0

1. AI為足夠攝取量Adequate Intakes值，未標明AI值者，即為RDA（建議量 Recommended Dietary Allowance）值。
2. 年齡以足歲計算。
3. α-T.E.（α-Tocopherol Equivalent）即α-生育醇當量。

*資料來源：行政院衛生署消費者資訊網

第四章

用對維他命 對症治療

症狀 感冒

補充營養素
- 維他命C
- 維他命A
- 鋅

感冒在中醫上通常稱「傷風」，是由多種病毒引起的一種呼吸道感染。好發的季節是初冬。不同季節的致病病毒不一樣。感冒時要注意合併細菌感染。普通感冒症狀表現比較急迫，早期會喉嚨乾癢、灼熱、打噴嚏、鼻塞、流鼻涕等，剛開始鼻涕是清水樣，2~3天後開始變濃稠，伴隨有喉嚨痛，一般不會發燒，有低熱、頭痛等症狀。5~7天可治癒。

對症治療

多喝水可讓身體排出有害雜質。飲食宜清淡，少吃脂肪、肉類及乳品，多吃新鮮蔬果。多休息保留體力，不要過度勞累。散步或快走可以改善血液循環，加速復原。多喝熱雞湯補充元氣。最重要的是保持樂觀的心情，以活化免疫系統。

補充維他命

◆ 維他命C

90%以上的感冒都是因為人體受到病毒的感染。維他命C可增強抵抗力，預防、治療感冒。應每隔1小時服用200~250毫克，直到症狀消失為止。多吃含維他命C的蔬果。

◆ 維他命A

維他命A可以維持鼻子和喉嚨黏膜組織的正常，促進黏液分泌、防止病毒入侵。特別是針對感冒初期，可以多食用牛奶製品、奶酪等。

◆ 鋅

鋅元素可以有效對抗病毒感染，和維他命C配合使用可治療感冒。含鋅豐富的食物主要有魚、肉、肝、腎以及貝類等。

症狀 胃潰瘍

補充營養素
◆ 維他命A

胃潰瘍是消化系統常見疾病。典型症狀為飢餓、飽脹時都會疼痛、噁心、食慾不振、打嗝、上腹部疼痛，嚴重時可能有黑便與嘔血。主要是由於幽門螺旋桿菌感染、服用消炎藥及胃酸分泌過多引起。還有可能是因為遺傳和情緒變動過大、過度勞累、飲食失調、抽菸、酗酒等造成。如果沒有及時診治，可能會發生常見的四大併發症：潰瘍出血、潰瘍穿孔、幽門阻塞、潰瘍癌。這些併發症遠比胃潰瘍更嚴重，甚至會危害生命。

對症治療

治療胃潰瘍之前，要先確定是否為良性潰瘍，現在一般在胃鏡檢查看到潰瘍時，都會做活組織檢查。有些人胃鏡檢查結果可疑，而病理報告呈現陰性，這時必須再一次做活組織檢查確認。同時，治療前應該判斷這是屬於高酸性潰瘍還是低酸性潰瘍，因為兩者在治療上有所不同。

一般來說，良性潰瘍經治療後大多可以治癒，但需繼續服用相同劑量的藥物約1~1.5年。胃潰瘍的病人在潰瘍癒合後的3個月和6個月時，必須各複檢胃鏡1次，觀察療效和潰瘍的變化。在治療用藥上，臨床醫生要注意避免藥物彼此的作用和副作用。

補充維他命

◆ 維他命A

胃潰瘍常見於青壯年，可使用抗酸劑治療。經研究發現，配合維他命A一起吃其效果更好。維他命A存在於動物肝臟、肉類、蛋類、奶類中。此外，潰瘍患者要多吃海藻類食物。如：海帶、紫菜等，能讓潰瘍傷口表面形成凝膠體，加速傷口結痂、癒合。但是海藻類大多不易消化，所以必須用大火煮爛。

症狀 口腔潰瘍

補充營養素
- 維他命B群
- 維他命C
- 微量元素

口腔潰瘍又稱為「口瘡」，相信是很多人曾有的煩惱。口腔潰瘍會先發生在口腔黏膜上，出現於口腔壁膜及舌頭邊緣。潰瘍的周圍會紅腫，但潰瘍呈現黃白色。潰瘍相當疼痛，特別是遇到酸、鹹、辣的食物時，疼痛會加劇，甚至會影響食慾。

口腔潰瘍在臨床上分為三種類型：復發性口腔潰瘍、復發性口炎性口腔潰瘍、復發性壞死性黏膜腺周圍炎。口腔潰瘍經常反覆的發作，醫學上稱為「復發性口腔潰瘍」，是口腔黏膜中最常見的疾病。由病毒感染所致，患者常見於15~50歲之間。患病時多半會出現便秘、口臭等症狀。人體被感染後病毒就會存活在表皮下的血管中，並且在細胞核中繁殖，當身體免疫系統發生異常時，這些病毒就會特別活躍，病情也會明顯惡化。

中醫上稱為口瘡或是口瘍，認為本病的病因多是因為心脾積熱、胃火上炎、陰虛火旺、脾虛濕盛所引起。理論上復發性的口腔潰瘍是因為七情內傷、身體虛弱，導致肝鬱氣滯、心火熾盛、胃火上攻、虛火上升，因而發病。治療上主要以清胃火為主。

復發性口腔潰瘍和身體的免疫功能有關。要多補充維他命及消炎藥。

對症治療

(1) 蜂蜜水漱口法：用10%的蜂蜜水漱口，能消炎、止痛、以及促進細胞再生。

(2) 水梨治療法：取1個水梨削成片狀，放在容器中，加入清水一起加熱到沸騰，稍微放涼後再食用。

(3) 雙色木耳療法：白木耳、黑木耳、山楂各取10公克，一起用水煎，喝湯及吃掉木耳，每日2次就可以治療口腔潰瘍。

（4）可可粉治療法：將可可粉加蜂蜜調成糊狀，含在喉嚨中，每日口含數次可以治療口腔發炎及潰瘍。

（5）大白菜根治療法：大白菜根60公克，蒜苗15公克，黑棗10顆，一起用水煎後服用，每日喝2次即可治癒。

（6）薑水漱口法：口腔潰瘍可以用熱薑水代替茶來漱口，每日2次，一般只要持續3天，潰瘍處就會轉好。

（7）蒲公英療法：新鮮蒲公英、竹葉、燈草各取適量，加水一起煎後口服，每天服用3次。

補充維他命

◆ 維他命B群

大多數的口腔潰瘍是因為營養不良、缺乏維他命造成，經常發生口腔潰瘍者要適量補充維他命B群。

維他命B_2攝取不足時，會引起口角炎、眼睛充血和肛門周圍潰爛等，特別是皮膚和黏膜容易出現症狀。要治療口腔潰瘍，可使用維他命B_2、維他命B_6或是攝取維他命B群。

◆ 維他命C

維他命C可增強免疫系統，預防濾過性病毒和細菌的感染。取維他命C兩片壓碎，敷在潰瘍上，每天2次，可以治療口腔潰瘍。富含維他命C的水果有棗子、奇異果、柚子、草莓、柑橘等。

◆ 微量元素

人體缺少鐵、鋅等微量元素會降低免疫力，可能導致口腔潰瘍不斷復發，或是內分泌失調。我們平時都要保持口腔衛生，多吃小麥胚芽、五穀雜糧類食品及動物肝臟、優酪乳、豆類、瘦肉、柑橘等。此外，日常飲食應儘量清淡，多吃新鮮肉類和蔬果，少吃過於辛辣或是味道過重的刺激性食品。

症狀 生理痛

補充營養素
- 維他命B6
- 維他命E

生理痛是指女性月經前後，或是經期時出現下腹部劇烈疼痛、腰痠、噁心、嘔吐的現象，是婦科常見症狀，尤其未婚女性及青春期更為普遍。

生理痛會周期性發生下腹部脹痛、冷痛、灼痛、刺痛、隱痛、墜痛、絞痛、痙攣性疼痛、撕裂性疼痛等，可能延至腰背部，甚至是大腿、足部等，還會伴有乳房脹痛、肛門腫脹、胸悶煩躁、憂鬱、易怒、失眠、胃痛、腹瀉、倦怠、無力、面色蒼白、四肢冰涼、冷汗淋漓、虛脫昏厥等症狀。

生理痛一般分為原發性生理痛和繼發性生理痛兩種。經過檢查後，如未發現盆腔臟器有明顯異常者，稱為原發性生理痛。如果發現有子宮內膜異位症、子宮發育不良、子宮過於前屈或後傾、子宮頸狹窄等疾病者，稱為繼發性生理痛。生理痛雖不會致命，但卻會帶給女性極大的痛苦，影響正常工作和生活。

對症治療

生理痛的病因複雜，經常反覆發作，治療上比較困難。

原發性生理痛通常發生在初經剛來的少女，或是未婚、未曾懷孕的女性等。可能是因為子宮內膜分泌之前列腺素增高，或是血液內前列腺素含量過高造成。只要在月經來潮的時候服用含有前列腺素抑制劑的藥物，如：消炎痛或乙醯水楊酸（阿斯匹靈成分），就可以緩解其症狀。

繼發性生理痛的病因比較複雜，如：子宮頸狹窄、子宮發育不良、子宮內膜異位症、內分泌異常或盆腔炎等，都會引起生理痛。需要進行一系列的檢查才能確定原因。

原發性生理痛對生育沒有影響。但是某些繼發性生理痛卻會造成不孕，如：子宮發育不良、子宮內膜異位症、內分泌異常等。

生理痛可用熱水袋熱敷腹部，或是多喝些熱的生薑紅糖水、山楂桂枝紅糖湯等，以緩解疼痛。山楂桂枝紅糖湯是取山楂15公克、桂枝5公克、紅糖30~50公克，山楂和桂枝一起放入煲鍋內，加清水2碗，用小火煎好後加入紅糖即可，具有溫經通脈、化瘀止痛的功效。適用於寒性體質女性的生理痛及面色黯淡者。

補充維他命

◆ 維他命B_6

如果月經來臨前就感到腹痛或緊張，就必須補充一些維他命和

微量元素。尤其是維他命B群，特別是維他命B_6，可以穩定情緒、幫助睡眠，同時也能減輕腹部疼痛。

經前補充鉀、鎂等也可以改善。因為月經後期對這兩種元素的需求較高。鉀能緩和情緒、抑制疼痛、防止感染，並減少經期失血量。鎂在月經後期，可以調節心理，有助於身體放鬆、減輕壓力。

◆ 維他命E

維他命E可治療生理痛。因為維他命E可阻斷前列腺素的形成。女性生理痛，和一種類似前列腺素的激素過多有關。在月經開始前2~3天前，可以每天服3片維他命E來緩解。

醫生建議女性月經期內，睡前最好喝一杯熱牛奶，並加入一小匙蜂蜜以幫助睡眠。

症狀 貧血

補充營養素
- 維他命A
- 維他命B_6
- 維他命C
- 維他命E

雖然貧血是一種常見的疾病，但它通常不會單獨發生。有時候可能是其他較為複雜疾病的臨床症狀。一旦發現身體貧血，就必須查明原因，再根據原因加以治療。

對症治療

缺鐵性貧血在嬰幼兒中很常見，它是因為身體缺乏造血原料「鐵」所引起的。所以一定要糾正小朋友偏食的習慣，注意飲食均衡，這樣才能攝取足夠的營養素。可多吃含鐵量高的食物，如：黑木耳、瘦肉、肝臟、蛋黃等。此外，多吃綠色蔬菜、新鮮水果等，也能增加鐵的吸收。

早產兒因為先天上體內鐵的存量就比足月的寶寶少，出生後又必須加速成長，更容易缺鐵，所以出生後2個月內必須補充鐵錠，大約補充到2~3歲左右。

還有一點要特別注意，牛奶及一些中和胃酸的藥物會阻礙鐵質的吸收，所以儘量不要將牛奶和含鐵的食物一起食用。也要注意是否缺乏維他命C，以免引起巨幼紅細胞性貧血。

‧多吃綠色蔬菜可預防貧血

補充維他命

◆ 維他命A

根據研究顯示，維他命A可以改善身體對鐵的吸收，促進身體造血。體內如果缺少維他命A，就會引起骨髓內缺鐵，導致造血能力下降。

根據研究證實，缺少維他命A會伴隨貧血症狀出現，隨著身體中維他命A量的降低，罹患貧血的機率也會增高。所以補充鐵時也應增加維他命A，就能達到事半功倍的效果。

◆ 維他命B_6

缺少維他命B_6時會造成腹瀉，也可能會引起貧血。因為維他命B_6參與合成酶的代謝，缺少時會導致血紅素合成障礙，出現小細胞性低色素性貧血，但是臨床上相當少見。補充多量的維他命B_6可以治療貧血。

◆ 維他命C

維他命C能加強鐵質吸收，幫忙製造血紅素，所以維他命C的攝取量也必須充足。缺少維他命C時，可能會引起巨幼紅細胞性貧血。

◆ 維他命E

維他命E是抗氧化劑，可防止紅血球細胞膜上的不飽和脂肪酸被氧化。要預防缺鐵性貧血，必須同時補充維他命E。

◆其他維他命

維他命B_2缺少時也可能會引起貧血。缺乏維他命B_1也會導致巨幼紅細胞性貧血。

症狀 肝硬化

病毒性肝炎是相當嚴重的傳染病，威脅國人的健康。而肝硬化是指各種致病因素引起肝組織炎症性壞死，而發生肝臟纖維化。

慢性肝炎到最後會成為肝硬化，就是因為肝炎病毒沒被壓抑所致，逐漸讓肝纖維化。如果病毒繼續活躍，讓病情加重，就會成為肝硬化。最後會變成肝衰竭而死亡。

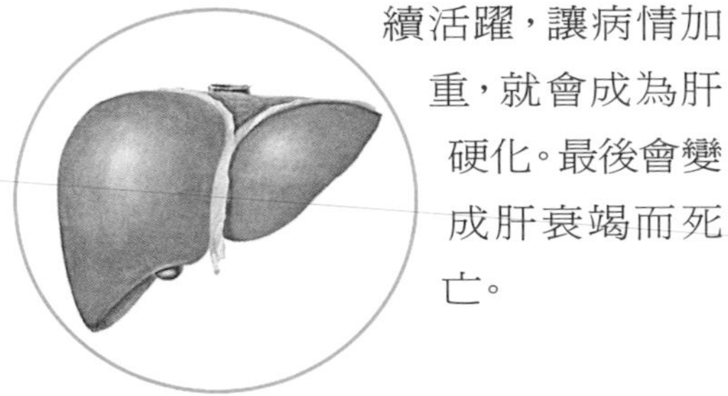

對症治療

如果肝細胞發生不同程度的變性、壞死及纖維組織增生，取代了正常的肝細胞，就會影響肝臟正常功能。而肝功能出現障礙時，許多維他命不能被吸收，或是影響某些維他命不能在肝臟中被合成、利用。

肝硬化患者飲食上要採用低脂肪、高蛋白、高維他命的原則，多吃容易消化的食材，並且做到定時、定量。肝硬化初期可多吃豆製品、新鮮水果、蔬菜，適當的進食澱粉、雞蛋、魚類、瘦肉等。肝硬化患者維他命的補充主要依賴各種新鮮蔬菜和水果。只要每天多吃一些蘿蔔、胡蘿蔔、水果等，就可以滿足需要。

如果肝功能明顯減退，並且有肝昏迷徵兆時，就應該開始控制蛋白質攝取量。飲食上要注意低鹽或忌鹽，每天食鹽攝取量不能超過1~1.5公克，飲水量要在2000毫升以內。

如果有嚴重腹瀉症狀，食鹽攝入量應控制在500毫克以內，水的飲用量要維持1000毫升以內。忌吃辛辣刺激和堅硬、生冷的食物，也不要吃過熱的食物，以防止併發出血症狀。

☺補充維他命

◆ 維他命C

維他命C是肝臟進行正常活動不可缺少的成分，是細胞代謝的氧化劑，可參與醣類的代謝和氧化還原，同時加速血液的凝固，刺激造血功能。

維他命C能促進維他命B_{12}和鐵在腸內的吸收，並具有降低血脂、治療脂肪肝、增加對感染的抵抗力及抗組織胺的作用。還可阻止致癌物質，如：亞硝胺的生成，並在人體中參加氧化還原反應。

補充多量的維他命C可以增加肝細胞的抵抗力，促進肝細胞的再生與肝醣的合成，加速新陳代謝。並具有軟化血管、利尿的功能，而達到解毒、消除黃疸、恢復肝功能等作用。臨床實驗上發現維他命C還可以改善腎上腺皮質。

如果肝臟無法正常作用，許多營養素就只能靠多吃蔬菜和水果來補充，如：蘋果、桃、梨、橘子、香蕉等，但可能不足以供給身體需求，必須在醫生的指導下適當補充維他命錠劑或是針劑來改善。

症狀 骨質疏鬆

補充營養素
- 維他命C
- 維他命D
- 鈣

骨質疏鬆症的特徵是骨量低、骨頭強度低、骨折危險性大，是一種全身性的骨骼疾病。

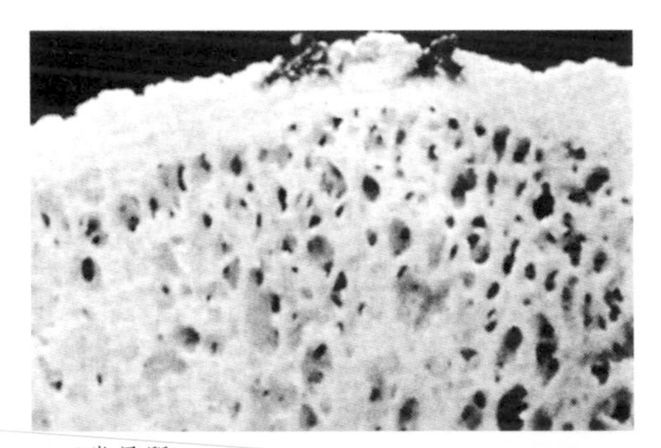

●正常骨質

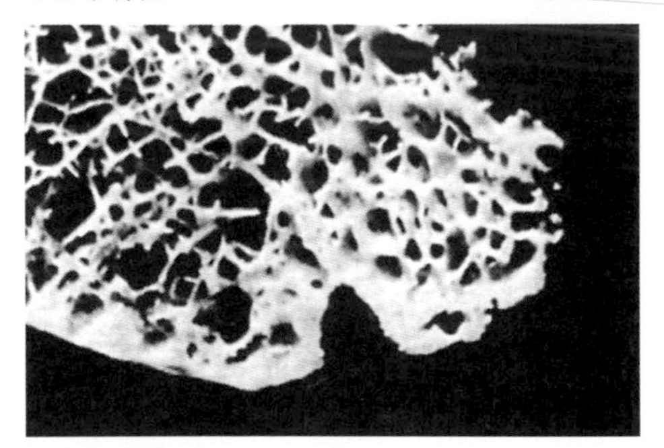

●疏鬆骨質

骨質疏鬆症是因為骨骼組織減少所造成的，通常不會有不舒服的症狀。所以患者可能一直到骨骼變脆，即使最輕微的外傷都會造成骨折時才會發現。儘管身體的任何部位都可能骨折，但最易發生骨折的部位是脊椎。根據調查發現，65歲以上女性中，就有1/3患有脊椎骨折，導致體重下降、駝背以及慢性背痛等。

骨質疏鬆症分成三類：原發性骨質疏鬆症、繼發性骨質疏鬆症、原因不明特發性骨質疏鬆症（如遺傳性骨質疏鬆症）等。

造成骨質疏鬆症的原因是因年齡越大，骨質流失的速率就會超過合成的速度。除了因為營養不足、缺乏運動之外，抽菸、酗酒和咖啡因，以及長期服用皮質類固醇藥物、抗酸劑，或是遺傳、種族等，都可能是原因之一。

對症治療

治療上必須維持規律的運動，還要攝取足夠的鈣，多吃對骨質健康有幫助的營養素。骨質疏鬆症的判定是利用測定骨中礦物質含量來確認。多補充鈣錠、雌激素可進行早期治療。

要特別注意的是，並不是所有的骨質疏鬆症患者都適合使用藥物治療，必須根據骨質疏鬆的類型、骨質代謝變化、骨質轉換情況、尤其是骨質內的礦物質含量變化來對症治療，這是一個相當緩慢的過程，甚至必須終身調養。

補充維他命

◆ 維他命D

維他命D在保持骨骼的健康上相當重要。主要的生理功能是維持血清中鈣和磷的濃度，並讓細胞正常作用，促進骨骼礦物化和促進腸道中鈣質的吸收。

維他命D不足會降低鈣的吸收率，常見於老年人身上，這是因為老年人通常很少曬太陽，而且腸道吸收功能減弱，容易造成皮膚合成維他命D不足，或是維他命D的攝取量不足等。

身體缺少維他命D會導致繼發性甲狀腺機能亢進，並加速骨質疏鬆症發生。身體缺乏維他命D可能會增加髖骨骨折的危險。而每天需攝取鈣質800~1000毫克，以及每天補充維他命D約0.01~0.02毫克，可以提高骨密度，降低脊椎和非脊椎骨折的發生率。

◆ 維他命C

維他命C可以幫助身體合成膠原蛋白，老年人應該多攝取充足的維他命C與蛋白質。蛋白質是組成骨頭基質的原料，可增加鈣質的吸收和儲存，預防及延緩骨質疏鬆症。

◆ 鈣

補充鈣時，不可盲目地補充維他命A和維他命D，否則會引起中毒症狀，必須在醫生的指導下服用。食物中的鈣和蛋白質結合後，才能被人體利用。建議大家可以每天飲用250毫升的牛奶，補充約250毫克的鈣質。多攝取其他含鈣豐富的食物，如：穀類、豆製品、綠色蔬菜或是黃、紅色蔬菜等。

◆ 其他礦物質

鋅、銅、錳、氟化物、硼和矽等礦物質，在骨質健康中被廣泛研究。鋅是合成骨質、膠原蛋白等必需；銅則是膠原蛋白和彈性蛋白連結之必要礦物質；錳則為骨基質形成的必要元素。

症狀 糖尿病

糖尿病是因為體內缺乏胰島素，或是拮抗胰島素的激素增加所致。因為胰島素不能發揮正常生理作用，而引起葡萄糖、蛋白質及脂質代謝紊亂。正常情況下，身體會把吃進去的澱粉類食物轉變成葡萄糖，提供身體能量。

胰島素是一種由胰臟製造的激素，可幫助葡萄糖進入細胞，提供身體能量。糖尿病患者因為不能產生足夠的胰島素，導致葡萄糖無法進入細胞，造成血糖濃度升高而形成糖尿病。

一般人正常血糖值為：空腹血糖為700~1000毫克/升；飯後2小時血糖低於1400毫克/升。如果連續空腹8小時，血糖值大於或等於2000毫克/升者，就可能是罹患了糖尿病。

糖尿病又分為I型糖尿病和II型糖尿病。I型糖尿病形成的原因，是因為自體免疫系統或原因不明的胰臟β細胞被破壞造成，患者多數是年齡較輕者。II型糖尿病是由於胰島素阻抗作用和分泌缺乏所引起，或是因為妊娠型糖尿病、胰臟疾病、內分泌疾病等因素造成。

糖尿病的特徵為：血液循環中葡萄糖濃度異常升高，尿糖、血糖值過高。症狀是三多：多喝、多尿、多食，以及體重減輕，經常感覺疲倦無力。嚴重者可能發生酮酸中毒，造成昏迷，也容易合併發生多種感染。

糖尿病發病初期大部分的人都沒有症狀，除非是做健康檢查，否則不容易發現。漸漸會發現自己小便次數增加，容易口渴、饑餓、疲勞、體重減輕或傷口不易癒合等，甚至還會感到視力模糊、手腳發麻等症狀。最後因為代謝紊亂而導致眼、腎、神經、血管及心臟等組織器官的慢性病變。如果沒有及時治療，則會發生心臟病變、腦血管病變、腎功能衰竭、雙目失明、下肢壞疽等，導致殘障甚至是死亡。

糖尿病不會傳染，罹患的原因大部分都和遺傳有關，其他因素如：肥胖、情緒、壓力、懷孕、藥物、營養失調等，也可能導致糖尿病。

對症治療

治療上最早運用的是糖尿病飲食療法及運動療法，然後逐漸發展有藥物療法、針灸療法、氣功療法、推拿療法、心理療法等。

糖尿病的控制要依賴飲食、運動、胰島素注射或是口服等，三者相互搭配。先控制飲食定時定量，再配合規律的運動。如果飲食和運動還是無法控制血糖，就必須遵照醫師處方，定時服用口服降血糖藥或注射胰島素。

糖尿病患者要定期檢查血糖、血壓、血脂、糖化血色素、腎功能、眼睛和足部，減少過度精神壓力，才能維持健康。

補充維他命

◆ 維他命C

維他命C和維他命E可當作抗氧化劑，對於糖尿病患者來說非常重要。可以中和、抑制自由基。自由基是身體代謝過程中的副產品，會侵害人體細胞，造成老化和癌變等。

糖尿病患者身體的維他命C比較少，因為高血糖會抑制細胞攝取維他命C。糖尿病患者每天給予2000毫克的維他命C治療，可以有效控制血糖和血脂值。

◆ 維他命E

維他命E可以預防糖尿病患者的心臟、腎臟及眼部受到損傷。根據研究發現，男生的身體中如果缺少維他命E，則罹患糖尿病的危險性是正常人的4倍。但是維他命E如果每天補充大於267毫克，反而有害健康。所以劑量應小於100毫克才有益於身體健康。

◆ 鉻

根據研究發現，鉻可以幫助控制血糖和血脂數值。糖尿病患者，尤其是II型糖尿病患者應該要補充鉻。大劑量攝入鉻可能會造成腎臟的損害和染色體的改變，所以建議用量不要超過每日400毫克。富含鉻的食物包括所有的穀類、海鮮、綠色豆類、堅果、花生醬和馬鈴薯等。

症狀 高血壓

補充營養素
- 維他命C
- 維他命B群

高血壓是因為體內血液循環讓動脈壓升高所導致的一種臨床症狀。可分為原發性高血壓和繼發性高血壓，前者在高血壓患者中占95%以上，後者不足5%。臨床上又分緩進型高血壓和急進型高血壓兩種。其中，緩進型高血壓比較多見，但是形成原因不明確，病情發展緩慢，病程可能長達10~20年，早期無任何症狀。

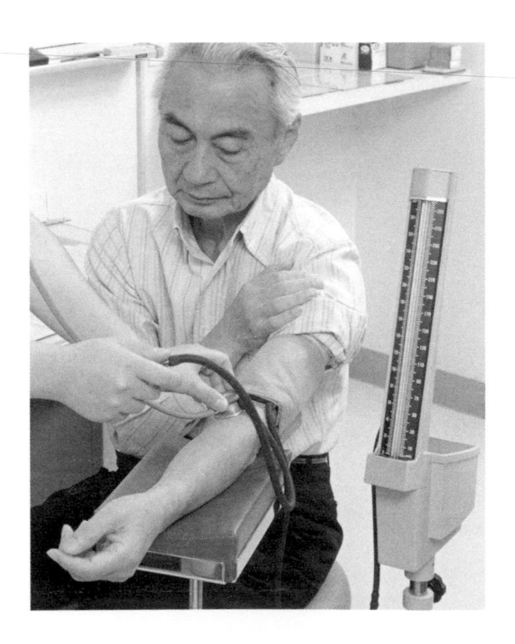

人到中年以後，血壓容易增高，常會導致心臟和血液循環系統發生疾病。高血壓患者血壓波動較大，容易在精神緊張、情緒波動或勞累之下，血壓忽然增高，經過適當休息後通常都能降至正常。嚴重者需要服用降血壓藥物來治療。

早期高血壓病人的症狀通常有頭痛、頭暈、耳鳴、心悸、眼花、注意力不集中、記憶力減退、手腳麻木、疲累無力、容易煩躁等。形成原因大多是因為神經系統功能失調所引起。

高血壓病人到了後期嚴重時，甚至會導致腦、心、腎等器官受損。受損原因可能是直接受到損害，或是間接地因為動脈粥狀硬化性而產生。引起短暫性腦血管痙攣，讓頭痛、頭暈症狀加重，半身肢體活動發生障礙等，甚至發生腦出血。

高血壓對心臟的損害首先是導致心臟擴大，發生左心衰竭，出現胸悶、氣急、咳嗽等症狀。當腎臟受到損害時，會導致夜間尿量增多或小便次數增加，嚴重時發生腎功能衰竭，伴隨尿少、無尿、食慾不振、噁心等症狀。

高血壓形成的原因有：血管內缺少蛋白質、維他命C、維他命E、鈣等，而慢慢失去彈性，造成血液輸送困難，最後人體不得不加大血壓使血液較順暢，最後導致高血壓的發生。血脂肪、膽固醇太高都是造成血液的黏稠度太高、血流的速度變慢的原因。

對症治療

老年人治療高血壓可預防心臟衰竭，亦可降低血管阻力、提高心臟排血量、保護腎功能，同時要避免體位性低血壓及藥物性低血壓等危險。

老年人的肝臟和腎臟的功能較弱，容易造成藥物堆積，血容量的減少和交感神經的抑制。心臟功能減弱容易引發心臟衰竭。抗高血壓藥物的使用上要從小劑量開始，逐漸增加用藥量。

補充維他命

◆ 維他命B群

增加蛋白質、維他命C、維他命B群、鈣、鎂、維他命E的攝取，可以保持血管的彈性。可幫助降低膽固醇的營養素包括：銀杏膠囊、維他命B_4、維他命B_6、深海魚油等。

◆ 維他命C

血液中含充足維他命C的人，死於心臟病的可能性較小。平常可以多喝柳橙汁來補充維他命C。飲食中鉀和鈣的含量增加，血壓就會自然降低。而柳橙汁中含有豐富的鈣、鉀和維他命C等。

症狀 高血脂

補充營養素
◆ 維他命C
◆ 維他命E

高血脂症是心臟、腦血管疾病的元兇，發病率高，非常危險。血脂是血液中各種脂類的總稱。其中最重要的是膽固醇和三酸甘油酯。它們不溶於水，可與蛋白質結合成脂蛋白，隨著血液在身體中循環。

身體中膽固醇含量過高，或是三酸甘油脂的含量過高，或是兩者都過高，都稱之為「高血脂症」。

膽固醇過高可能是因為攝取過多的動物性脂肪，也可能是因為抽菸、糖尿病、甲狀腺機能減退症等引起。其他因素像是遺傳、營養不良、肝臟病變及缺乏運動等，都是造成高血脂的原因。

對症治療

均衡的飲食才能治療高血脂。如果是單純性的高膽固醇，就應該限制膽固醇的攝取量，像是蛋黃、動物內臟等，都要嚴格限制食用量。

高血脂症的飲食要有所節制，多吃五穀雜糧，搭配魚類、瘦肉、豆類及豆製品等，加上各種新鮮蔬菜、水果。還有海帶、紫菜、木耳、金針菇、香菇、大蒜、洋蔥等食物，也都有利於降低血脂和預防動脈粥狀硬化。此外，要養成每天規律運動的習慣，才能加速脂肪消耗。

補充維他命

◆ 維他命C

維他命C可以直接參與體內氧化還原，促進膽固醇含量的降低和溶解，必須適量補充。

◆ 維他命E

維他命E是脂溶性的自由基清除劑。補充維他命E可預防動脈粥樣硬化病變，並增加膽固醇分解酶的活性，有利於體內膽固醇的代謝和平衡。

身體保養與維他命

頭髮

補充營養素
- 維他命A
- 維他命B_3
- 維他命B_5

人體上所有的毛髮都是皮膚的附屬器，由毛髮、毛根所組成。

毛髮、毛根是角質化的細胞，由蛋白質組成，含有大量胱胺酸，所以影響蛋白質合成代謝的維他命也會影響頭髮的健康。

維他命A可維持上皮細胞正常分化，身體缺少維他命A時，毛囊會發生角質化，讓頭髮變得稀少、易斷、乾枯而且沒有光澤。維他命B_3在身體中也參與胺基酸、脂肪的代謝，缺少維他命B_3會導致毛髮生長不良、出現脂漏性皮膚炎症狀，頭髮變得容易脫落、顏色轉灰或是白。

維他命B_5參與脂肪酸、蛋白質和DNA合成，缺少時也會影響頭髮的生長和色澤。如果是缺乏肌醇和維他命H，則毛髮容易掉落。

保養方法

(1)洗髮前先將頭髮完全梳順，可防止清洗時頭髮打結或斷裂。

(2)把頭髮由頭皮至髮尾用溫水完全浸濕。取適量洗髮精倒在手心，不要直接倒在頭皮上。在洗髮精中加水後搓揉成泡沫狀，先洗頭皮再洗頭髮。

(3)用指腹在頭皮上來回按摩，可促進頭皮的血液循環，清除老化的角質和油垢，最後用溫水將頭髮充分洗淨。

(4)將護髮乳均勻塗在頭髮上，增加頭髮的彈性和形成保護膜。再用溫水仔細沖洗，沖洗不乾淨會對髮質造成傷害。

(5)用乾毛巾輕輕按壓頭髮吸乾水分，不要用力摩擦脆弱易斷的頭髮。

(6)記得吹風機不要用高溫直接吹。吹風機拿遠一點，或是用中低溫先吹，至少吹到頭髮八分乾或是全乾。

牙齒

補充營養素
- 維他命C
- 維他命D

牙齒是咀嚼器官的主要部分。然而，愈來愈多的牙齒疾病，如牙齦炎、牙周炎、牙齒過敏等，困擾著現代人。許多中老年人都會有牙齒鬆動或牙齦出血的困擾，同時伴有口臭，嚴重時甚至會有牙齦化膿的現象，要小心是否為牙周病。

牙周病是最常見的牙科疾病，由細菌感染引起。牙周病的病因包括牙菌斑、牙結石的刺激、咬合創傷、食物嵌塞、錯牙和畸形等，以及一些不良習慣，如：抽菸、錯誤的刷牙方式、單側咀嚼等。另外，內分泌功能紊亂也會影響牙周病的治癒。

維他命D可調節人體對鈣和磷的吸收，影響骨骼和牙齒的生長。老年人每天服用1000毫克的鈣，牙齒會更健康。專家們指出，鈣是骨骼的關鍵養分，維他命D則為鈣吸收所必需的元素，要平衡這兩種維他命的攝取量。

維他命C是維護牙齦健康的重要元素，嚴重缺乏的人牙齦會變得脆弱，容易出現牙齦腫脹、流血、牙齒鬆動或脫落等。

保養方法

(1) 正確刷牙才能維護牙齒健康。使用軟毛牙刷才不會傷害牙齒。

(2) 吃完飯後要記得刷牙。口腔噴霧或口香糖是懶人護齒的好方法。口腔噴霧不僅能清潔牙齒，其中的木糖醇對牙齒有保健作用，而且不會造成牙齒損傷。

(3) 天然食物如芹菜、乳酪、綠茶、洋蔥的成分可以預防齲齒，具有護齒、清潔口腔的作用。

(4) 養成良好的口腔衛生習慣可以預防牙齦炎、牙周炎。早晚一定要刷牙，飯後漱口可清除食物殘渣，預防牙垢和牙結石。記得每半年要到醫院洗牙及檢查。

皮膚

補充營養素
- 維他命A
- 維他命B_5
- 維他命C
- 維他命E

補充營養素
- 維他命F
- 維他命H
- 維他命K

皮膚是人體中很特別的器官。它不但能夠防水，還能自我修復。當身體遇到高、低溫、過敏或是疾病時，皮膚都會發出警告。

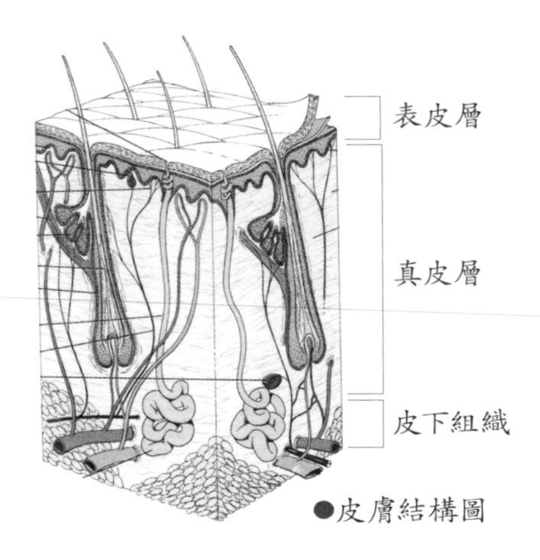

●皮膚結構圖

皮膚有表皮層、真皮層、皮下脂肪層三層。最外層就叫做表皮層，是由上百億層細胞構成的，這些細胞每三個禮拜就會自我更新一次。

老化的細胞每天都會代謝脫落5%。皮膚的內層稱為真皮層，是由彈性蛋白和膠原蛋白所構成。當真皮層老化、喪失功能時，皮膚就會出現皺紋，並且開始下垂。真皮層中有豐富的微小血管，可維持皮膚的健康，並輸送營養和氧氣，還能清除皮膚排出的廢物。皮下層大多是脂肪，可讓身體保持溫暖，以及阻擋外來的衝擊。

細胞間的纖維質會隨著時間退化，造成脂肪流失及皮膚鬆弛。此外，地心引力、遺傳、精神緊張、陽光照射及吸菸等，都會加速皮膚老化，讓皮膚失去彈性。

健康的皮膚必須紋理細緻、光滑、透明、柔軟，而且富有彈性。要有正常的酸、鹼中和能力，表面滋潤保濕、代謝、角質化正常。

影響皮膚的營養素，主要有以下幾種：

(1) 維他命A：可消除皺紋，修復因為日光曝曬而受損的皮膚。最好在晚上使用。

(2) 維他命B_5：讓皮膚保持潤滑。

(3) 維他命C：防止皮膚被自由基破壞，並活化細胞。最好在早上使用。

(4) 維他命E：皮膚軟化劑，具有抗氧化作用。

(5) 維他命F：增加皮膚強度。

(6) 維他命H：保持皮膚乾爽。

(7) 維他命K：舒緩因為毛細管破裂而引起的皮膚發紅，及消除皮膚黑暈現象。

保養方法

(1) 青春期時的保養以清潔、控油、抑菌、防曬為主，尤其要重視清潔。25歲以後是皮膚保養真正的開始，要以保濕、防皺為主。38歲以後，保養的關鍵在於皮膚的再生和修復，要注重外在的深層滋養還有體內的內分泌調節。

(2) 洗面乳的正確使用方式：先將洗面乳擠在手心，加水搓出許多泡沫，以按摩的手法塗在臉上，用打圈方式按摩45秒以上，感覺肌膚變得光滑細膩時，再用清水洗淨。

(3) 保養品正確的使用原則：分子越小、質地越稀薄的保養品要先使用。例如：使用爽膚水之後，再塗精華液、眼霜，最後塗乳液。白天記得出門前要擦隔離霜隔絕髒空氣。

(4) 維持充足的睡眠，尤其是每天晚上10點至凌晨2點是皮膚最佳修復時段，儘量在這時間之前入眠。

(5) 適量而且規律的有氧運動可以促進皮膚的血液循環和新陳代謝，維持皮膚健康。

眼睛

補充營養素
- 維他命A
- 維他命B1
- 維他命B2
- 維他命C

人的眼睛類似球狀，位在眼眶之中。眼球包括眼球壁、眼內腔、視覺神經、血管等組織。而眼角膜是光線進入眼睛內折射成像的主要結構，對眼睛也具有保護作用。

其實眼睛也需要保濕。因為在眼球表面有一層具有潤滑作用的淚液薄膜，藉著不斷的眨眼來分泌新液，保持眼睛的濕潤。如果四周空氣過於乾燥或是太過於專注，10秒後淚膜就會出現乾點，眼球表面會越來越乾燥。

一般情形下，我們每分鐘會眨眼10~20次。當專心讀書或是使用電腦時，眨眼的頻率就會明顯減至每分鐘5次左右。如果眼球過於乾燥，角膜和眼瞼之間就很容易擦傷，導致眼睛乾澀、疲勞，甚至引起發炎和疼痛，這就是所謂的乾眼症。如果不加以重視，就有可能出現角膜潰瘍，最後導致視力下降。

經常使用眼睛的人，可以多吃可明目的食物，如：枸杞、菊花、決明子等。常喝菊花茶可以清心明目。枸杞能保護視力。喝茶具有抗輻射的作用，可減少電腦螢幕的危害，預防視力衰退。和眼睛關係密切的營養素有以下幾種。

（1）維他命A：維他命A是眼睛的保護罩。缺乏維他命A容易出現夜盲症、乾眼病等，甚至導致眼視網膜乾燥，角膜病變。平常可以多食用動物的肝臟、魚類、海產品、奶油和雞蛋等，富含維他命A的動物性食物。以

及橙黃色、綠色蔬菜，如菠菜、胡蘿蔔、韭菜、油菜等富含胡蘿蔔素的食物。

（2）維他命B_1：可促進細胞的新陳代謝，和神經的傳導有關。缺乏維他命B_1容易發生乾眼症、視神經炎或球後視神經炎等。出現眼睛乾燥、視力下降、瞳孔放大、對光的反應遲鈍、眼球轉動時會痛、眼眶深部有壓迫和痛感等。需補充富含維他命B_1的食物，如糙米、麵粉、豆製品、動物肝臟、花生、南瓜子、豆芽、馬鈴薯、杏仁、核桃等，以緩解眼睛不適。

（3）維他命B_2：缺乏維他命B_2會導致視神經炎、眼瞼炎、結膜炎發生，出現視力下降、眼睛畏光、流淚、結膜充血等症狀。常吃含維他命B_2豐富的食物，如：酵母、奶品、牛肉、動物肝臟、黃豆、菠菜、莧菜、木耳、葵花子及水果等，有助於預防。

（4）維他命C：缺乏維他命C會引起眼瞼、玻璃體、視網膜等部位出血，還可能導致白內障。要補充富含維他命C的食物，如：多吃新鮮綠色蔬菜和水果。

保養方法

（1）避免眼睛過於疲勞，適時閉目休息。減少連續閱讀、操作電腦、看電視的時間。

（2）空氣中的粉塵、污染、汽機車廢氣會傷害眼睛，要避免長期處在灰塵、強風的場所。

（3）作息正常，保持充足睡眠，避免熬夜、紫外線傷害；夏日外出時要戴太陽眼鏡。

（4）選擇適當度數的矯正眼鏡，如老花眼鏡可以搭配看遠看近的雙光眼鏡或多焦點鏡片。

（5）適量的運動，多做眼球繞轉運動。多接觸大自然，讓眼睛放鬆。

肝臟

補充營養素
◆ 維他命C

肝臟是內臟最大的器官，位於腹部右上方。是人體消化系統中最大的消化腺。

身體攝取食物後，要在肝臟內進行化學作用：例如蛋白質、膽固醇需在肝臟內合成。所以說，肝臟是人體內的一座化工廠。

肝臟細胞能控制、調解體內所有器官運行，排除身體的有毒物質。可分解細菌、酒精和其他毒素，達到解毒的作用。病毒侵入肝臟後，血管通透性會增高，讓肝細胞變性、腫脹，造成肝臟內出血，導致肝臟功能衰退，最後變成慢性肝炎。

正常情況下，肝臟的脂肪含量很低，因為肝臟能將脂肪與磷酸及維他命B_4結合，轉變成磷脂，轉運到體內其他部位。

肝功能減弱時，肝臟轉變脂肪為磷脂的能力也會減弱，脂肪不能轉移，就在肝臟內積聚成「脂肪肝」。甚至發展成肝硬化。

保養方法

(1) 不可酗酒。一次大量飲酒會傷害大量的肝細胞。如果長期飲酒，容易導致酒精性脂肪肝、酒精性肝炎，甚至酒精性肝硬化等。

(2) 睡前不進食。飲食不規律會破壞肝臟的代謝和膽汁分泌，而發生營養失衡性脂肪肝。夜間肝臟的活動會減弱，睡前吃太多會加重肝臟負擔。白天飢餓時不吃飯，或是飯後長時間坐著，都會讓膽汁停滯在膽囊內，出現膽結石或肝、膽發炎。

(3) 注意規律飲食和營養均衡。避免暴飲暴食，少吃油膩、辛辣的食品。要多吃各種蔬菜、豆製品、水果等。每天喝1杯牛奶，吃1個雞蛋、100公克瘦肉，至少5種蔬菜水果。

(4) 慎用保健品。無論中、西藥，還是各種營養品，都有一定的副作用，可能加重肝臟負擔。所以不要亂吃來路不明的偏方或是秘方等。

心臟

補充營養素
- 維他命C
- 維他命B_1
- 維他命B_2
- 維他命E

心臟在胸腔內，膈肌的上方，二肺之間，大約在中線左側。由冠狀動脈環繞，主要的作用是推動血液流動，提供器官、組織充足的血流和氧氣以及各種營養物質。並帶走代謝的終產物，如：二氧化碳、尿素和尿酸等，維持細胞正常的代謝功能。

成年人的心臟重量約300公克。一個人在安靜狀態下，心臟每分鐘約跳70次，每次打動血液約70毫升，每分鐘約5公升。

中老年人很容易患心臟疾病，像是動脈硬化、心絞痛與心肌梗塞等。這些都是因為動脈血管變窄、阻塞所引起。冠狀動脈一旦堵塞，血液就無法被送到心臟，這些症狀被認為是缺血性心臟病。多吃維他命C、維他命B_1、維他命B_2、維他命E等，可以預防心臟病。

維他命C是血管清道夫，可以清理血管管壁，保持心臟、血管順暢。

維他命B_1可抑制心臟肥大，預防心臟收縮力減弱，對治療心臟肥大具有明顯療效。

維他命B_2能分解體內的過氧化脂肪，預防動脈硬化和心肌梗塞。

維他命E可預防冠狀動脈硬化和血栓發生。

保養方法

（1）睡眠充足。睡眠能讓心臟跳動的速度放慢、血壓降低。睡眠時間不足的人，平均血壓和心跳率較高，會讓心血管承受更大的壓力。

（2）食用新鮮蔬果。水果和蔬菜含有較多的電解質，能防止細胞受自由基的破壞，自由基正是造成心臟病的元兇。

（3）少吃鹽。我們每天鹽的攝取量最好控制在5~6公克以內。少喝咖啡，多吃大麥類、綠色蔬菜等，有益於心臟健康。

血管

補充營養素
- 維他命B6
- 維他命B9
- 維他命B12

血管和心臟是體內的封閉式輸送管道。可將血液輸送到全身。血管包括動脈、靜脈及毛細血管三種。

動脈可將血液中的營養物，如：氧氣、醣類、維他命、胺基酸、無機鹽等，運送到各組織，維持生命活動。

靜脈可以排除各組織細胞代謝的廢物，如：二氧化碳、尿素等，將二氧化碳送到肺部排出，將尿素等輸送到腎臟排出。毛細管很細，用肉眼看不見的，只能透過單細胞把血液送到人體各部位。

心血管疾病是常見威脅人類生命健康的殺手。半胱胺酸如果在體內積累，會導致動脈粥狀硬化。維他命B6、維他命B9和維他命B12可幫助半胱胺酸代謝。

維他命B6的良好來源是酵母、葵花子、米糠、花生、大豆、糙米、魚類、瘦肉、肝臟、家禽肉等。

富含維他命B9的食物有綠色蔬菜、柑橘、番茄、西瓜、酵母、菇蕈類、牛肉、動物肝臟等。但是如果經常喝酒或服用某些藥物，如：口服避孕藥，就會抑制維他命B9的吸收。

富含維他命B12的食物有香菇、黃豆製品、雞蛋、牛奶等。

保養方法

巧克力可以提供人體能量和營養，預防心血管疾病。存在於可可豆中的植物化合物，可調節人體免疫細胞、降低血小板活性和促進血小板聚集的功能。還可促進血管舒張、抑制發炎反應和血塊形成，達到預防心血管疾病的效果。

枸杞可以滋陰、壯陽；黑豆微涼味甘，可活血利水、清熱消腫、補肝明目；而蕎麥可以疏通及強化人體血管。對高血壓和心血管病患者而言，都是很好的保健食品。

大腦

補充營養素
- 維他命C
- 維他命E

大腦主要包括左、右腦，是中樞神經系統的最高級的部分。是思維和意識的器官。支配人的一切生命活動，包括：語言、運動、聽覺、視覺、情感表達等，能夠調節消化、呼吸、血液循環、泌尿、生殖、運動。大腦1秒鐘內可發生10萬種生化反應，消耗全身20%的氧氣。

補充維他命E可預防罹患老年癡呆症。不但可以用在早期預防，還能延緩病情惡化。

缺氧狀態下維他命C可抑制細胞氧化酶活性的下降，避免腦部組織中乳酸含量的升高，提高大腦的工作效率。

保養方法

(1) 平常要多喝水，保持身體內必需的水分。可以交換著喝礦泉水、果汁和咖啡等。根據研究資料顯示，經常性頭痛與身體脫水有關。

(2) 垃圾食品、劣質食品、所有化學製品和防腐劑，不但會損害身體，還會減低智力。英國的研究顯示，飲食結構會影響人類智商。

(3) 氣味影響大腦。香料對保持頭腦清醒有一定功效。薄荷、檸檬和桂皮等，都可提神醒腦。

(4) 每周用腦時間超過70小時，睡眠不足40小時即為過度用腦。長時間用腦會造成血氧含量降低，血液循環不順暢，阻礙營養素的吸收和利用。造成頭昏腦脹、疲倦無力、嗜睡、反應遲鈍、記憶力下降等。

(5) 每天用腦的人經過一段時間的緊張腦力勞動後，應該進行短暫休閒運動，如：打球、練拳、做健身操、下棋、欣賞音樂、散步等，都有助於大腦的保養。

腸胃道

補充營養素
- 維他命C
- 維他命B_1
- 維他命B_6

消化系統的功能是消化、吸收食物，供給人體營養和能量。食物中的蛋白質、脂肪等，不能直接被吸收利用，需在消化管內分解為小分子。腸、胃就是消化系統的組成部分。

現代人習慣大魚大肉，高蛋白、高熱量、高糖、高油的食物，會導致消化系統出現消化不良、胃炎、潰瘍病、急性胃腸炎、便秘等症狀。

腸胃功能異常的症狀是：上腹部不適、疼痛、腹脹、胃液逆流、噁心、嘔吐，或是排便不暢、便秘、腹瀉、排氣增多等。

腸胃功能紊亂者要三餐均衡，不要吃太飽。多吃清淡、容易消化的食物，如：青菜、水果等。作息規律，吃飯細嚼慢嚥。如果是萎縮性胃炎、胃陰不足者，可以吃滋潤多汁的食物，如：粥品、果汁、酸味的水果，烹調時可以加一些醋，增加胃酸分泌。

十二指腸潰瘍患者要吃軟質、富含蛋白質、維他命和必需的微量元素的食物。因為蛋白質、維他命C、鈣、鋅等是修補組織和傷口不可缺少的物質；鐵、銅、鈷等則可以治療貧血；維他命B_1可增進食慾、促進糖類代謝；維他命B_6則能預防嘔吐、調節胃部功能。

保養方法

(1) 慢性胃炎患者，要注意胃部保暖，以防腹部著涼而引發胃痛或加重病情。

(2) 胃病患者飲食上應以溫、軟、淡、素、鮮為原則。胃裡面要經常有食物和胃酸進行中和。不要吃過冷、過燙、過硬、過辣、過黏的食物。也切忌暴飲暴食，必須戒除菸酒。

(3) 保持精神愉快和情緒穩定也能預防胃病、十二指腸潰瘍。而過度疲勞會影響胃病的治癒。

(4) 適度的運動可以提高身體免疫力，促進身心健康。

維他命
保存和補充的原則

食材的採購和保存

每次走在街道小店或是市場裡，甚至是購物台的廣告，商人都會告訴你某某食品健康又滋補，某某蔬菜美味又營養。是的，現代人不僅是講究色、香、味俱全，更注重營養和健康。

琳琅滿目的食品之中，營養素到底在哪裡？我們平常所吃的食物，營養素足夠嗎？相當令人吃驚的是，根據營養學家的調查顯示，雖然食物營養素含量豐富，但是人們的不良生活習慣卻在不知不覺中讓這些養分流失了。營養究竟哪去了？讓我們從食物的採購、儲存、清洗和製作的各個階段來確認，你做對了嗎？

正確的採購原則

1. 主食類的採購

米、麵是人們三餐的主角。選購糧食時，應該儘量少選精製過的白米，多選用五穀雜糧。因為，維他命B群、無機鹽、膳食纖維等，大部分都存在於種子的外殼、胚芽之中。白米、小麥經過加工後，口感雖然變好了，但營養素卻損失了很多。

碾米的過程中，損失的蛋白質約16%、脂肪約65%、維他命B_1約77%、維他命B_2約80%、維他命B_5約50%、維他命B_9約67%、維他命E約86%。而礦物質中的鈣、鐵等，幾乎全部流失。如果常吃這類精緻的主食，就可能會因為缺乏膳食纖維與維他命B群而導致便秘和腳氣病。

2. 鮮肉類的採購

一看：仔細觀察肉的色澤。首先要看肉的表皮，如牛、羊肉的表面應該沒有紅點，鮮肉光澤而且紅色部分勻稱，肉色稍暗則為劣質肉。

二摸：用手觸摸表面。表面微乾或是略顯濕潤，不黏手的，用手指輕按肉的表面，若凹洞迅速恢復原狀者，就是新鮮肉品。

三聞：用鼻子聞肉的氣味。新鮮肉的氣味較純正，沒有腥臭味。

3. 肉製品的採購

肉製品是指以新鮮、冷凍畜、禽肉等。經過篩選、修整、調味、熟化和包裝等，製成加工食品。根據性質可分為生製品和熟製品兩種。生製品如：醃肉、臘腸、火腿等，食用前需加熱煮熟。熟製品如肉鬆、肉乾、煙燻火腿等，可以直接食用。

要選擇品質良好的肉製品可以去大賣場、大型超市等，才有正規的進貨方式和良好的售後服務，對於產品的品質較有保證。此外，選購肉製品時還要做到以下四看。

一看包裝：熟肉製品是直接入口的食品，不能受到污染。產品包裝要密封、無破損。

二看標籤：規範企業生產的產品包裝上應標明品名、廠名、廠址、生產日期、保存期限、成分、淨重等。

三看生產日期和保存期限：挑選較近期生產的，及離保存期限較長的產品。

四看外觀：注意是否是該產品應有的色澤。儘量不要選色澤太鮮豔的產品，可能是加入了人工合成色素或發色劑，還要注意是否發霉。

4. 果蔬類的採購

一看飽滿度：授粉完全的果實，飽滿、硬度高、收成好；授粉不完全的，體形小、畸形、形狀不飽滿，甚至可能是落果。

二看光澤度：日照充分的果實有飽和的色澤，果皮發亮。

三看成熟度：果實類比葉菜類新鮮度下降較慢。收成經過一段時間，果實的光澤就會消失，果梗切口乾燥，逐漸呈現陳舊色，如香瓜、南瓜、茄子、番茄的蒂頭乾燥最為明顯。

還有一些常用的小技巧，例如：茄子要挑重量輕；芹菜莖根部硬實者較為清甜香脆；馬鈴薯挑表面光滑的，發芽處越少越好；番茄看其果蒂，果蒂呈淺綠色的較為新鮮。

此外，農藥或是化學物質的累積量由多到少排列分別為：根莖類、葉菜類、豆類、瓜類、茄果類等。

正確的儲存原則

1. 不要大量儲存

許多人到了星期天就會購買一

周的食品塞入冰箱。但是食材放的越久，接觸氣體和光照的面積就會越大，有些維他命就會損失，如：維他命A、維他命C和維他命E等。根據研究發現，將魚放在零下18℃的冰箱中保存3個月，維他命A和維他命E可能會損失20～30%。

2. 不要反覆解凍

很多人做飯時會將一大塊冷凍肉解凍，切下要用的部份，剩下的肉又重新放回冰箱冷凍。或是用熱水浸泡冷凍肉加快解凍速度。這些做法都是錯誤的。魚和肉的反覆解凍會讓營養流失，並影響肉的風味和口感。

3. 儲存溫度要適宜

有的熟肉製品需要低溫冷藏，溫度過高則產品容易變質。消費者在購買時一定要看清楚儲存溫度的需求，尤其是夏天比較炎熱，更要注意溫度。

蔬菜最好買多少吃多少。新鮮的葉菜類蔬菜每放置一天，維他命就會減少10%左右。例如剛採摘的菠菜在20℃的室溫下存放4天後，維他命B_9的含量可能下降50%左右。將菠菜存放溫度控制在4℃左右，8天後維他命B_9同樣會下降50%左右。水果也要選用當季而且新鮮的。

正確的清洗原則

1. 不要過度淘洗

有些人淘米會洗3~5次。淘米次數越多，營養素損失就會越多。每洗一次，維他命B_1就會流失31%以上，維他命B_2損失約25%，無機鹽會損失70%，蛋白質則會損失約16%，脂肪損失約43%。所以，用清水洗2次即可，也不要用力搓洗。

2. 不要先切後洗

蔬菜要先洗後切，才能保存營養價值。以新鮮葉菜為例，先洗再切，維他命C僅僅會損失1%；浸泡10分鐘後，維他命C會損失16～18.5%。浸泡時間越長，維他命損失越多。如果可以用手撕開或拉斷最好，儘量不使用刀切，因為鐵會破壞維他命C。

正確的烹調原則

1. 烹調不要過度加熱

葉菜類在加熱過程中會損失20~70%的養分。所以烹調過度會讓許多維他命受到破壞。例如煎炸的方式會破壞食品中的維他命A、維他命C和維他命E含量。

2. 水果儘量直接食用

水果壓榨成果汁會造成維他命C大量損失，儘量直接吃最好。柑橘、柚子、鳳梨等製作的無菌果汁，在冰箱中營養成分可以保存7~10天。其他低酸性的果汁，像蘋果汁、葡萄汁等，打開後約能保存一周。

3. 雞蛋最好是水煮

雞蛋營養的吸收和消化率，水煮雞蛋約為100%，炒雞蛋約為97%，煎炸雞蛋約為81.1%，熱水或牛奶沖熟雞蛋則約為92.5%，生吃雞蛋可吸收30~50%。所以，水煮雞蛋是最佳的烹調方法。

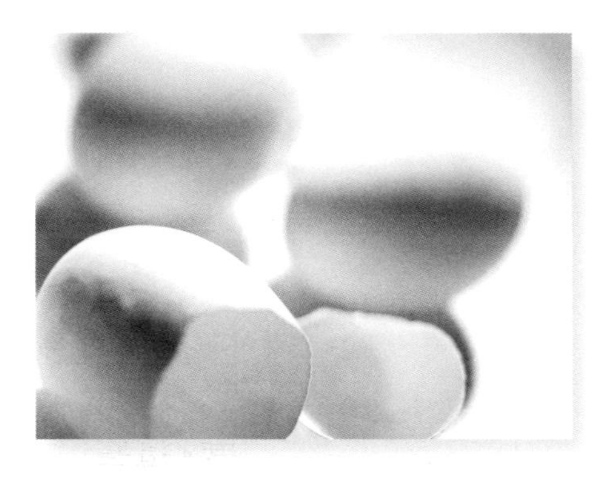

4. 牛奶加熱的溫度不宜過高

牛奶加熱到100℃時，不僅色、香、味會降低，營養價值也會大量減少。牛奶儘量不要煮沸，只要煮到表面佈滿小氣泡，大約70~80℃煮幾十秒就可以了。若使用微波爐加熱，則時間不要長，因為牛奶的營養會被破壞。

正確保存維他命錠劑

家庭常用營養補充品中，維他命的保存相當重要。如：魚肝油、維他命B_1、維他命B_2、維他命B_3、維他命C等，如果保存不當，就會讓維他命變質、分解、發霉。甚至產生有害物質。

不同的維他命藥劑要分開存放，選擇陰涼和乾燥的地方，並且在有效的期限內服用。那麼，常見的維他命藥劑怎樣保存呢？

1. 維他命C

維他命C是維持人體正常功能和健康必需的營養素，許多家庭或多或少都存有維他命C片。長期暴露於空氣中或放在潮濕的地方會讓藥片變黃，影響藥效，甚至分解成有害物質。

維他命C怕光、怕熱、怕潮、怕空氣，所以應該裝入棕色玻璃瓶中，塞入藥棉，蓋子拴緊，放在避光、乾燥的地方。如果維他命C片已經變色，就不能服用了。

2. 維他命A

維他命A遇到光或在空氣中都容易分解，而導致藥效降低。如果維他命A錠劑發黏、有霉點或是破裂了，都不可再服用了。魚肝油要裝入有色遮光的玻璃瓶中，密閉在陰暗處保存。

3. 維他命B群

維他命B_1、B_2、B_3、B_6也應該裝在有色的瓶中，放在防潮、防凍、乾燥、避光的地方保存。

服用維他命補充錠劑的原則

有不少人服用維他命時，都是隨意的倒出幾片後用水沖服，不在乎服用的時間和分量。其實，維他命和其他藥物一樣，都有一定的服用要點。

維他命可分為水溶性和脂溶性兩大類。水溶性維他命容易排出體外，不易在人體中蓄積，而且沒有毒性。如果人體腎臟及排尿功能正常，過量服用的水溶性維他命就會從尿液中排出。

脂溶性維他命難被排出體外，會日積月累地累積在肝臟和脂肪組織中，所以相對來說，容易因攝取過量而引起中毒。由此可見，維他命的服用不可太過隨便。

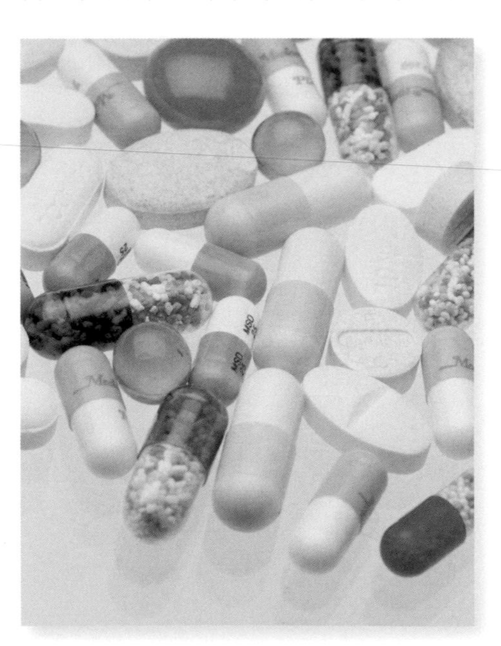

1. 不宜飯前服用

維他命主要都由小腸吸收，如果在飯前服用，胃腸道內沒有食物，空腹時藥物會被迅速吸收進入血液，導致維他命在血液中的濃度升高，可能還沒被人體利用，就會經過腎臟通過尿道排出體外，甚至會引起胃痛等不適症狀。

2. 維他命不和鈣片同時服用

維他命與鈣片如果同時服用，鈣離子會結合在某些維他命的基質上，阻礙維他命被人體吸收。長久下來，很可能導致身體缺乏維他命。建議在早上服用維他命補充劑，而晚上再服用鈣片，這樣就可以儘量減少維他命與鈣離子發生結合的可能。

3. 不要過度依賴維他命

平常要吃均衡的食物，而不要想依賴維他命來補充營養。很多食材的養分是人工合成的維他命替代不了的。

Tips

維他命的服用重點

■維他命A為脂溶性維他命，如果量超過人體一天所需，就容易蓄積在體內，引起中毒。因此，建議可以在上班的五天，每天服用一粒維他命A，休假時不服用。這樣可控制它的攝取量，既能有效補充，又能防止過量。應在飯後服用，胃腸道有充足的油脂，有利於溶解，讓維他命A更易被吸收。

■維他命B_1、維他命B_2和維他命B_6在飯後服用能穩定吸收。因為進食後胃裡的維他命B群被慢慢運送到小腸上部，再逐漸被吸收。

■維他命B_{12}和維他命C均在飯後服用較佳。且這兩種維他命不能同時服用，如果同時服用，維他命B_{12}的生物利用率會降低，減低功效。為了避免缺乏維他命B_{12}，兩者服用時間應相隔2~3小時。

■維他命D也是脂溶性維他命，所以服用前最好先吃一些油脂性食品，像是油條、豬肉等，有利於維他命D的溶解和吸收。若用於治療嬰兒手足抽搐症，則應先補充鈣片。

■維他命A和維他命D的複合錠就是魚肝油丸，最好於飯後15分鐘服用，且先進食油脂性食物。

■市面上的維他命補充錠繁多，維他命的售價甚至比一般的藥物貴很多。然而，美國國家科學會的專家經過實驗證實，最貴的維他命未必就是最有效的。

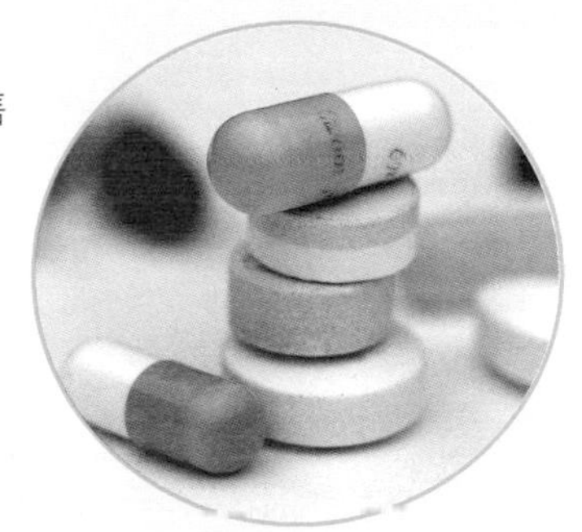

服用維他命的飲食宜忌

（1）服用維他命A忌飲酒。維他命A的主要功能是將視黃醇轉化為視黃醛。而乙醇在代謝過程中會抑制身體合成視黃醛，嚴重影響維他命A在體內的循環，和男性精子的生成。

（2）服用維他命B_1忌食蛤蜊和魚。蛤蜊和魚都含有一種能破壞維他命B_1的硫胺酶的物質，所以不要同時食用。

（3）服用維他命B_2忌食高纖維食物。高纖維食物會促進腸蠕動，加速腸內食物的通過，而降低維他命B_2的吸收率。

（4）服用維他命B_6忌食含硼食物。因為食物中的硼會與維他命B_6結合，進而影響維他命B_6的吸收、利用。一般常見的含硼食物有南瓜、胡蘿蔔、花生、海帶和茄子等。

（5）維他命C要單獨服用，不可與維他命B群一起吃，否則會降低其他維他命的作用，維他命C本身也會受到氧化而減低功效

（6）維他命C和鈣片合用，會造成泌尿系統結石。維他命C與阿斯匹靈藥物合用，會加速維他命C在體內的排泄速度。

（7）服用維他命C禁食蝦類。因為蝦類等甲殼動物中含有一種特殊砷化合物，它本身對人體無害，但服用維他命C後，會經過化學作用轉化成「三價砷」，這就是砒霜的成分。

（8）維他命C可以在午餐後服用，而其他維他命則在早晚飯後服用。

（9）服用維他命D忌食粥湯。米粥又為米湯，含脂肪氧化酶，會溶解、破壞脂溶性維他命，讓維他命D流失。

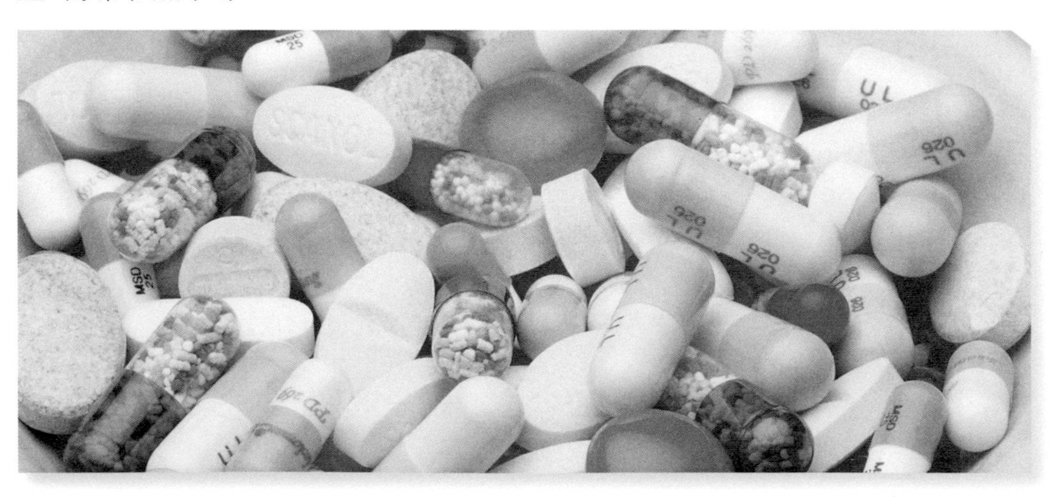

四季不同的維他命需求

春季—人體的營養需求

春暖花開，忙碌的現代人春季容易感染感冒、咳嗽等。預防呼吸道感染是春季保養的首要任務。因為春天早晚溫差大，空氣十分乾燥，粉塵量高，鼻黏膜容易受損，要記得多喝水，讓黏膜保持濕潤。工作和生活環境的空氣要流通，平常勤加洗手。

春季如果缺乏維他命，容易引發胃腸道傳染病，胃腸道傳染病會降低患者對維他命的吸收能力，造成惡性循環。如果維他命B群、維他命C等攝取不足，會降低免疫力，易患流感等。春季需補充的維他命如下。

◆維他命C

大量的補充維他命C可以協助身體合成抗體，活化白血球，提高它的嗜菌能力，提高淋巴細胞和巨噬細胞功能，進而提升身體的抵抗力，預防、治療感冒。

感冒的人體組織血液中，維他命C的含量會明顯減少，白血球內的維他命C濃度會大量降低。如果每天補充1~6公克的維他命C，則能維持白血球內維他命C的濃度，緩和症狀。因此感冒早期服用高劑量維他命C，能明顯縮短病程，並且舒緩感冒症狀。

夏季—人體的營養需求

炎熱的夏季很多人會出現食慾

不振的現象。常常不按時吃正餐，喜歡霜淇淋等高熱量零食，而導致脂肪、糖分攝取過多，腸胃功能下降，讓身體缺乏維他命和各種微量元素。或是飲食過於清淡，造成營養不均衡，特別是容易缺少動物類食物中的營養素。

夏季出汗較多，維他命容易隨汗水流出體外，導致食慾不佳而精神委靡。要更注意補充。

對於愛美的女生來說，面對烈日最重要的就是防曬、美白、保濕、除斑等。這些都和維他命密切相關。那麼，夏季應該補充哪些維他命呢？

◆維他命B_2

維他命B_2很容易隨汗液排出體外。在體內可參與碳水化合物、脂肪和蛋白質的代謝，提供細胞足夠的能量，還能促進人體對鐵質的吸收。缺乏維他命B_2可能會導致貧血病，在夏季容易感覺疲勞、精神不振。

維他命B_2可幫助皮膚抵抗太陽光，如果體內缺乏維他命B_2，皮膚就會對陽光敏感，容易出現日光性皮膚炎，症狀是在太陽下曬太久，臉部會發紅、發癢。此外，鼻子周圍和嘴部四周會出現粉狀物。

◆維他命B_6

維他命B_6可以增加皮膚的抗過敏能力。水溶性的維他命B_6，不但容易隨體內水分流失，遇到光和高溫會受到破壞。維他命B_6在黃豆、糙米、香蕉、動物肝臟、魚類、瘦肉和堅果中含量相當豐富。炎熱的夏季可以多攝取這些食物維持體內維他命B_6的含量。

◆維他命C

維他命C是水溶性維他命，在體內停留時間不會超過4小時。夏季因為容易出汗，維他命C在體內的時間更是大為縮短。多吃一些富含維他命C的水果、蔬菜，可以增強體質，減少夏季感冒的發生。

不少家長都發現一到夏季，孩子的學習能力會降低，注意力不集中、反應比較遲鈍。這很有可能就是缺乏維他命C而影響大腦工作的症狀表現。

◆維他命E

維他命E可以保持皮膚血管的彈性，和維他命C一起食用，可以幫助身體清除體內的自由基，延緩皮膚的老化，具有美容養顏的作用。

秋季一人體的營養需求

秋天氣候多變，早晚溫差大，所以白天的太陽有秋老虎之稱，夜間又會有涼風來襲。有的人習慣開窗睡，睡眠中人體各器官活動減弱，免疫機能降低，涼風夾雜的細菌、病毒容易趁虛而入，引起咽喉炎、氣管炎等。

秋季也是中老年人容易引發慢性病的季節，例如白內障、糖尿病等伺機蠢動。需要全面補充維他命和礦物質，才可滿足身體對營養素的特殊需求。

◆維他命A

秋季要注意補充維他命A。維他命A可以增強人體呼吸道黏膜的抗病能力，提高免疫力。還能維持皮膚和黏膜的完整性和彈性，保持皮膚正常的新陳代謝。富含維他命A的食

物有：動物肝臟、奶類、蛋類、胡蘿蔔、菠菜、小白菜、柿子等。

◆維他命B_1

維他命B_1可以舒緩腦部疲勞、緩解肌肉疼痛、抵抗病菌入侵、增強體力。在花生、麥麩、動物內臟、肉、蛋、蔬菜中含量相當豐富。

◆維他命D

維他命D可調節鈣、磷的代謝，促進鈣、磷的吸收、利用，促進新生骨質的鈣化，製造強健的骨骼和牙齒。所以老人家或剛出生的孩子在日曬不充足的情況下，應該多吃富含維他命D的食物，如：蛋黃、牛奶、動物肝臟等。

◆維他命C

棗子、山楂、柑橘、草莓、油菜、番茄中都含有豐富的維他命C，多吃可增加身體免疫力。

冬季—人體的營養需求

空氣乾燥的冬季，寒風過後人們多會出現皮膚粗糙、搔癢、嘴唇乾裂等症狀。身體中的水分很容易因為出汗、呼吸而大量流失。加上氣溫變化快，無法保持人體中新陳代謝的平衡和穩定，導致生理機能失調。這些症狀大多與維他命不足有關。除了要多鍛煉身體之外，還要及時補充維他命。

◆維他命A

維他命A可以維持上皮組織正常功能，缺乏維他命A會導致呼吸道上皮細胞表皮角質化，這是冬季呼吸道感染的主要原因。醫學界發現：增加維他命A的量可以降低兒童呼吸道感染的發病率。

冬季光線相對比較弱。身體如果缺乏維他命A，視網膜感受光線就會不足，引起夜盲症等。維他命A在動物的肝、腎以及肉類、牛奶、魚類、蛋中含量豐富；植物性食物如胡蘿蔔、番茄、紅薯、菠菜、甘藍菜、南瓜、紫菜等含量也很高。也可以在醫

生指導下補充，如魚肝油等。

◆維他命B_2

如果有嗓子乾啞、口腔潰瘍、爛嘴角等症狀，主要都是因為蔬菜吃得太少，導致維他命B_2攝取不足，應該多吃蔬菜。而且要注意，水果不可以取代蔬菜，因為水果主要含維他命C而不是維他命B_2。

◆維他命C

現代醫學認為，體內如果缺乏維他命C，細菌、病毒等微生物就會開始繁殖，容易侵犯人體而致病。所以飲食上可以多攝取小白菜、油菜、辣椒、番茄等新鮮蔬菜，以及柑橘、檸檬等水果，補充維他命C。

◆維他命E

維他命E可提高人體免疫力，增強抗病能力，含維他命E豐富的食物有芝麻、花椰菜等。

維他命的外用法

維他命除了內服之外，某些維他命還可以用在外敷，治療或是改善疾病症狀。

◆維他命D

醫學界發現維他命D軟膏可以用來治療銀屑病（俗稱牛皮癬）。而且根據研究發現，維他命D可抑制細胞不正常增殖，促進正常細胞分化，透過免疫系統的調節抑制T淋巴細胞活性。而且沒有長期使用類固醇所出現的副作用。

維他命D除了治療銀屑病之外，還可用於治療魚鱗病、腳掌膿皰、角化病、毛孔性紅色糠疹、脂漏性皮膚炎、毛孔性角化症和尋常性白斑病等。

◆維他命E

維他命E可以保護皮膚，減少散熱及摩擦損傷。可滲透皮膚，改善皮膚腫塊部位的血液循環，發揮抗氧化及清除自由基的作用。另外，維他命E外用治療皮膚可以直接被吸收。

維他命E又可治療新生兒寒冷損傷綜合症，又稱新生兒硬腫症。主要由於受風寒引起，其次是因為早產、體重過低、窒息、感染等。臨床表現為多器官功能損傷，嚴重者會出現皮膚腫塊，是新生兒中常見的疾病。新生兒可能會出現反應差、哭聲低微或不哭、吸吮能力差或是拒絕喝乳、皮膚長腫塊、膚色暗紅或青紫、四肢末梢發涼、心跳減慢等症狀。發病率和死亡率都很高。

菌針頭刺破，滴在手掌上，直接塗抹在皮膚腫塊部位，輕者塗少一點，重者多塗一些，均勻塗抹後輕輕按摩，每天3～5次，持續3～5天。約3天左右腫塊就能消退，而且體溫恢復正常，喝奶狀況良好。

正常情況下，身體可以清除或協助清除自由基，保持自由基的動態平衡。維他命E是脂溶性維他命，也是天然的抗氧化劑，可以阻抗自由基的破壞作用，在體內能保護生物膜的完整性，保護紅血球的細胞膜不被氧化破壞。大劑量時可促進毛細血管及小血管增生，改善血液循環。另外，維他命E對維持酶的活性，及組織正常的新陳代謝，也有著重要的作用。

Tips

維他命E的美容功效

■製作美容面膜。取維他命E與珍珠粉，用適量礦泉水調和，均勻地敷在臉部，靜待15分鐘後用溫水洗淨。這種面膜美白效果明顯，特別是配合維他命E使用，不但具有美白效果，還能滋潤肌膚。如果加入適量綠豆粉則具有降火去痘的功能。

■滋養睫毛。取一個用完的睫毛刷清洗乾淨，將維他命E油均勻地塗抹在睫毛刷上，從根部往上刷睫毛，每次用量不要太多，但是根部要刷的完全。維他命E是滋養睫毛最好的天然營養素，經常使用可以讓睫毛變得濃密而捲翹。

■保養頭髮。洗髮時可將維他命E混入洗髮精中一起使用，或是加入護髮乳中輕輕按摩頭皮，再用水沖洗乾淨。可以改善血液循環，促進頭髮生長，還能讓頭髮滋潤順滑、並具有光澤度。

■滋潤肌膚。皮膚特別乾燥、緊繃的季節，沐浴後，可將維他命E與護膚乳液一起混合使用，避免皮膚乾燥脫皮。長久使用能讓肌膚滑嫩、白皙。

常見的食物維他命

粳米

粳米就是我們一般說的在來米，是日常生活中的主食。粳米的蛋白質中，賴胺酸的含量相當高，約占80%。胺基酸組成的比例相當接近世界衛生組織認定的蛋白質胺基酸最佳配比，粳米蛋白質的生物價（BV值）為77，蛋白質效用比率（PER值）為1.36~2.56，代表蛋白質的可消化性超過90%，優於其他穀類。

營養價值

粳米中各種營養素含量雖然不高，但因人們每天食用量大，所以也具高營養價值。米粥有補脾、和胃、清肺的功效，米湯可益氣、養陰、潤燥。粳米性味、甘平，能幫助嬰兒發育、刺激胃液分泌及幫助消化。

粳米可促進脂肪被人體吸收，因此，嬰兒的輔助副食品經常使用米湯或用米湯沖泡奶粉。

中醫認為粳米具有補中益氣、健脾養胃、益精強志、和五臟、通血脈、聰耳明目、止煩、止渴、止瀉的功效，認為多食能「強身好為色」。

注意事項

粳米中約有60~70%的維他命、礦物質和大量必需胺基酸在外層組織中。我們平時吃的精白米雖然潔白細緻，但其營養成分已經在加工過程中大量損失了。而糙米中米糠和胚芽部分含有豐富的維他命，能增進人體免疫功能、促進血液循環，幫助人們改善沮喪煩躁的情緒。

此外，糙米中鉀、鎂、鋅、鐵、錳等微量元素含量較高，有利於預防心血管疾病和貧血症，還保留了大量膳食纖維，可促進腸道有益菌增殖，加速腸道蠕動、軟化糞便、預防便秘和腸癌。糙米的膳食纖維能與膽汁中膽固醇結合，促進膽固醇的排出，進而幫助高血脂症患者降低血脂。

粳米煮成粥更易於消化吸收，但煮粳米粥時，千萬不可放入鹼。因為粳米是人體維他命B_1的重要來源，鹼會破壞粳米中的維他命B_1。

粳米的營養成分（每百克的含量）

熱量（kcal）	粗蛋白（g）	粗脂肪（g）	碳水化合物（g）	維他命A效力（RE）
355	8.2	1	76.3	0

維他命E效力（α-TE）	維他命B_1（mg）	維他命B_2（mg）	菸鹼素（mg）	維他命C（mg）	膳食纖維（g）
0.08	0.13	0.03	2.1	0	0.5

※資料來源：行政院衛生署食品資訊網

薏仁

五穀雜糧

薏仁又稱為苡仁。是穀類的一種，可以加在飯裡面一起煮，或是煮湯、磨成粉服用或沖泡食用，是女性瘦身的好幫手。

營養價值

薏仁性寒，中醫認為薏仁具有健脾、補肺、清熱、溫熱的功效，可以降低血壓和血脂。可用來治療脾胃虛弱、高血壓、尿路結石、尿道感染、蛔蟲感染等，還能防癌、抗癌、解熱、強身健體。

每天食用50～100公克的薏仁，可以降低血液中膽固醇以及三酸甘油脂含量，還能降血糖，有效預防心血管疾病。

薏仁含豐富的水溶性纖維，可以吸附膽鹽（膽鹽在身體中負責消化脂肪），使腸道對脂肪的吸收率變差，進而降低血脂。還能促進體內血液和水分的代謝，具有利尿、消水腫等作用，並可幫助排便。

薏仁是一種美容食品，常吃可以維持皮膚光澤細緻，去除粉刺、雀斑、老年斑、妊娠斑等，對於皮膚脫屑、膿瘡、皸裂、粗糙，都有治療的功效。塗抹在皮膚上可以美白，提高肌膚新陳代謝和保濕，有效預防肌膚乾燥。

因為薏仁營養豐富，對於久病體虛、病後恢復期的患者，或是老人、產婦、兒童等，都是很好的食物，可以經常服用。不論用來滋補還是治病，作用都較為緩和，微寒而不傷胃，益脾而不滋膩。

薏仁可以加糖煮成甜湯服食，是夏天及體虛火旺不受溫補之人的清涼補品。可以健脾止瀉、滋陰潤肺、除煩安神，適用於肺虛咳嗽、慢性腹瀉、體虛多汗、夜間口乾、失眠夢多、男子遺精夢遺、婦女白帶偏多等。

薏仁美容面膜DIY

薏仁粉2匙、脫脂奶粉1匙、蛋清適量。全部一起搗成漿狀，清潔臉部後，塗在臉上，輕輕按摩讓肌膚吸收養分，15分鐘後再用清水洗淨。這個面膜適合容易長粉刺或是皮膚粗糙的人。可以瘦臉、收縮毛孔及增加皮膚光澤度，如果用來保養頭髮，還能防止掉髮，預防遺傳性掉髮。

薏仁養顏綠茶DIY

將綠茶葉放進碗中，加入一些烘焙的薏仁粉，攪拌均勻，用熱開水沖泡即可飲用。此杯飲品可以健脾補肺、清心益氣、清熱解毒。茶水中含豐富的水溶性膳食纖維，可以增強免疫力。每天一杯，15天後肌膚就會變得嬌嫩，散發自然光彩。

注意事項

薏仁會讓身體冷虛，所以懷孕婦女和處於經期的女性應該避免食用。因為薏仁所含的糖黏性較高，吃太多可能會妨礙消化，必須適量食用。

薏仁雖然有降低血脂及血糖的功效，但畢竟只是一種保健食品，不能當作藥物治療。有高血脂症患者，還是要看醫生治療，自行食用薏仁並無法治癒。

薏仁的營養成分（每百克的含量）

熱量 (kcal)	粗蛋白 (g)	粗脂肪 (g)	碳水化合物 (g)	維他命A效力 (RE)
373	13.0	7.2	62.7	0

維他命E效力 (α-TE)	維他命B_1 (mg)	維他命B_2 (mg)	菸鹼素 (mg)	維他命C (mg)	膳食纖維 (g)
0.29	0.39	0.09	1.5	0	1.4

※資料來源：行政院衛生署食品資訊網

綠豆

綠豆又叫綠小豆，為豇豆屬的植物。種子表面呈綠黃色或暗綠色，具有光澤，是中國傳統的點心之一。綠豆的栽培範圍很廣，產量以中國最多。

綠豆中的蛋白質主要為球蛋白類，營養素中的蛋胺酸、色胺酸和酪胺酸含量較少。蛋白質含量幾乎是粳米的3倍。含有多種維他命、鈣、磷、鐵等無機鹽。

綠豆在發芽過程中，由於酶的作用，會促進植酸分解，釋出更多的磷、鋅等礦物質，被人體充分利用。綠豆發芽時，所含的胡蘿蔔素會增加2~3倍，維他命B_2會增加2~4倍，維他命B_3、維他命B_9都會增加2倍以上，維他命B_{12}約增加10倍。

營養價值

綠豆不但有良好的食用價值，也具有高藥用價值。

綠豆性味、甘涼，具有清熱解毒之功效。夏天在高溫環境下工作的人出汗多，體液損失大，體內的電解質平衡易受到破壞，可以煮綠豆湯來補充。綠豆湯能夠清暑益氣、止渴利尿，不但能補充水分，還能及時補充無機鹽，維持水液電解質平衡。

綠豆具有解毒作用。如果是有機磷農藥中毒、鉛中毒、酒精中毒者（酒醉）或吃錯藥等，如果無法及時送

醫搶救，可以先灌下一碗綠豆湯進行緊急處理。常在有毒環境下工作或接觸有毒物質的人，應該經常食用綠豆來解毒。

綠豆有解熱的功效，經常食用可補充營養、增強體力。綠豆的藥理作用為抗菌、抑菌、降血脂、降膽固醇、抗過敏、抗腫瘤、增強食慾、保肝護腎。

綠豆也能當作外用藥，輔助治療痤瘡和皮膚濕疹。如果得了痤瘡，可以把綠豆磨成細末，煮成糊狀，在就寢前洗淨患部，塗抹在患處以清熱解毒、消腫。

綠豆性涼，脾胃虛弱的人不可多吃。用綠豆、紅豆、黑豆煎湯可以治療小朋友的皮膚病及麻疹，還可治療夏天小朋友的消化不良。常吃綠豆，可以預防、治療高血壓、動脈硬化、糖尿病、腎炎等。

注意事項

綠豆不要煮得過爛，以免讓其中的有機酸和維他命被破壞，降低清熱解毒的功效。

服用藥物，特別是服溫補藥時，不要吃綠豆食品，以免降低藥效。未煮爛的綠豆腥味強烈，吃了以後容易噁心、嘔吐。

綠豆的營養成分（每百克的含量）

熱量 (kcal)	粗蛋白 (g)	粗脂肪 (g)	碳水化合物 (g)	維他命A效力 (RE)
342	23.4	0.9	62.2	9.5

維他命E效力 (α-TE)	維他命B_1 (mg)	維他命B_2 (mg)	菸鹼素 (mg)	維他命C (mg)	膳食纖維 (g)
1.01	0.76	0.11	1.71	14.3	11.5

※資料來源：行政院衛生署食品資訊網

豌豆

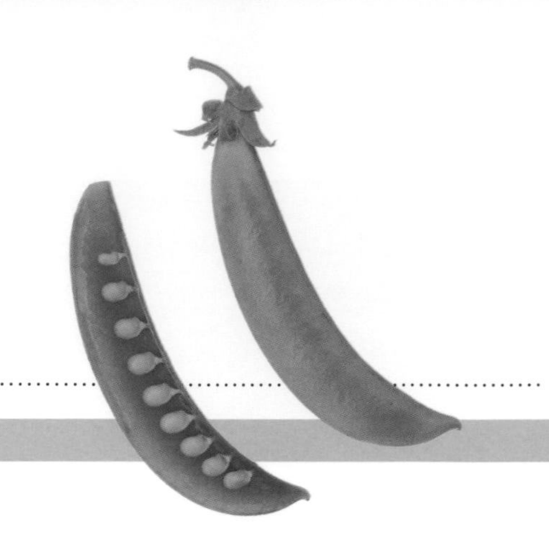

豌豆，相傳是由荷蘭人傳入台灣，故別名荷蘭豆。一年生草本植物。豆莢呈帶狀長圓形，種子為青綠色圓形，乾了以後會轉為黃色。種子及嫩莢都可以食用，一起食用為甜豌豆，種子則為青豆仁，發芽後為豌豆苗。

豌豆的子實成熟後可磨成豌豆粉食用。豌豆仁飽滿圓潤，顏色又鮮綠，十分好看，常被用來當作配菜，增加菜肴的顏色，促進食慾；炒後顏色還是翠綠，清脆可口。

豌豆苗是豌豆發芽長出的幼苗，大約有2～4個子葉，鮮嫩清香，最適合煮湯。

營養價值

豌豆中的蛋白質含量豐富，含有人體所需的各種胺基酸，經常食用有助於生長發育。豌豆莢和豌豆苗都富含維他命C。

豌豆具有理中益氣、補腎健脾、和五臟、生精髓、除煩止渴的功效。與一般蔬菜不同，含有赤黴素和植物凝素等物質，具有消炎、抗菌、提高新陳代謝的功能。

在豌豆莢和豌豆苗的嫩葉中富含維他命C，可以分解身體中的亞硝胺，以抗癌、防癌。豌豆和豌豆苗都含有豐富的纖維素，可預防便秘，具清腸作用。

豌豆的種子含澱粉、油脂，有強腎、利尿、止瀉的功效。而且所有的人都可以食用，沒有禁忌。豌豆的莖、葉清涼解暑，可以當作有機肥或是動物的飼料。

注意事項

豌豆適合與富含胺基酸的食物一起烹調，可以提高豌豆的營養價值，但吃太多會腹脹。

許多用豌豆或是豆類澱粉製成的粉絲，加工時往往會加入明礬，經常大量食用會增加體內的鋁含量，影響健康。

豌豆的營養成分（每百克的含量）

食物項目	熱量（kcal）	粗蛋白（g）	粗脂肪（g）	碳水化合物（g）	維他命A效力（RE）
甜豌豆	41	3.2	0.2	8	93.3
豌豆	167	12.1	0.5	30.6	39.2

食物項目	維他命E效力（α-TE）	維他命B_1（mg）	維他命B_2（mg）	菸鹼素（mg）	維他命C（mg）	膳食纖維（g）
甜豌豆	0	0.06	0.77	0.5	33	2.7
豌豆	0	0.07	0.06	0.9	1	8.6

※資料來源：行政院衛生署食品資訊網

黑豆

黑豆植株高度約40~80cm，根部含很多根瘤菌。小花為白色或紫色，種子的種皮為黑色。

黑豆為高蛋白、低熱量的食材，不含膽固醇，只含植物固醇。植物固醇不會被人體吸收利用，又可抑制人體吸收膽固醇。常吃黑豆可以滿足人體對脂肪的需求，也能降低血液中膽固醇含量，有益於高血壓、心臟病患者。

營養價值

黑豆含豐富的蛋白質、脂肪、碳水化合物以及胡蘿蔔素、維他命B群、維他命E等，並含有大豆異黃酮等雌激素，對女性很好。黑豆的蛋白質含量為36~40%，大約是肉類的2倍、雞蛋的3倍、牛奶的12倍。維他命E含量約為17.36%，遠高於肉類。

黑豆中含維他命A、B_2、B_9及類胡蘿蔔素等。外皮膜含有果膠和多種醣類。還有18種人體必需胺基酸，不飽和脂肪含量高達80%，所以人體吸收率高可達到95%以上。

黑豆中的微量元素有鋅、銅、鎂、鉬、硒、氟等，含量都很高。這些微量元素可以延緩人體衰老、降低血液的黏稠度。常吃黑豆可以促進消化、防止便秘。

中醫認為其性平、味甘，入脾經、腎經。黑豆中含有的花青素也是很好的抗氧化劑來源，能清除體內自由基，減少皮膚皺紋，保持青春美麗。中國古代藥典上曾記載黑豆可駐顏、明目、烏髮，使皮膚白嫩等。

現代人工作壓力大，容易有身體虛弱無力的症狀，黑豆就是一種有效的補腎食品。中醫理論認為：「黑豆乃腎之穀」，黑色屬水，水走腎，所以腎虛的人食用黑豆可以祛風除熱、調中下氣、解毒利尿，有效緩解尿頻、腰痠、女性白帶異常及下腹部虛冷等症狀。

脾虛水腫、腳氣浮腫者、體虛者、老人腎虛耳聾、妊娠期間腰痛或腰膝痠痛之婦女、白帶過多、四肢麻痺者都必須多吃。有輕度藥物或食物中毒者，喝黑豆汁也可以緩解中毒症狀。

注意事項

黑豆吃太多容易上火，所以必需適量。生黑豆中含有血球凝素，可能會讓血液異常凝固，嚴重者會引起血管的阻塞，而加熱可以破壞血球凝素，所以黑豆及其豆製品都必須經過充分加熱煮熟才能食用。

黑豆的營養成分（每百克的含量）

熱量 (kcal)	粗蛋白 (g)	粗脂肪 (g)	碳水化合物 (g)	維他命A效力 (RE)
371	34.6	11.6	37.7	341

維他命E效力 (α-TE)	維他命B1 (mg)	維他命B2 (mg)	菸鹼素 (mg)	維他命C (mg)	膳食纖維 (g)
2.1	0.65	0.18	1.99	0	18.2

※資料來源：行政院衛生署食品資訊網

黃豆

黃豆和青豆、黑豆都有人稱為「大豆」，不過一般說的大豆是指黃豆。是豆科植物大豆的種子。既可供食用，又可以榨油，或是加工做成豆腐、豆芽、豆腐乳、豆瓣醬、豆腐皮等多種食品，是數百種天然食物中最受營養學家推崇的食物。黃豆具有很高的營養價值，被稱為豆中之王、田中之肉、綠色的牛乳等。

黃豆芽本身的營養價值比黃豆更高。黃豆芽中的維他命B_2含量比黃豆高2~4倍。含有一種干擾素誘生劑，能誘生人體產生干擾素以干擾病毒代謝。人在春天比較容易罹患病毒性感冒等病症，因此，春天多吃黃豆芽可以增強人對病毒的抵抗力。

豆豉、豆汁及各種腐乳等，都是用黃豆或是黃豆製品接種黴菌發酵後製成的。黃豆製品經微生物作用後，不但可增加香味，更容易被人體消化、吸收。

營養價值

黃豆中含大量蛋白質，約35%左右。蛋白質中含有多種人體必需胺基酸，所以黃豆素有「植物性的肉類」稱號。中醫認為黃豆性平、味甘，歸脾、胃、大腸經。其膽固醇含量較動物性食物少，而且富含亞麻油酸及亞麻油稀酸，這類的不飽和脂肪酸可以降低人體的膽固醇。黃豆中含有大量的大豆卵磷脂，對神經系統的發育具有重要意義。

黃豆纖維質中富含皂草苷，可以吸收肝臟中的膽酸，隨糞便排出體外，而膽酸是在肝臟中由膽固醇合成，所以多吃黃豆可以促進代謝而降低膽固醇，維持心臟的健康。

黃豆的含鐵量不僅高並且易為人體吸收，所以對正在生長發育的兒童及缺鐵性貧血患者極有益。

黃豆中富含鈣、磷、鉀和硼元素，可預防小兒佝僂病、更年期骨質疏鬆、神經衰弱和身體虛弱等。而其營養素中的鉬、硒、鋅、大豆異黃酮等，都是抗癌成分，可以抑制前列腺癌、皮膚癌、腸癌、食道癌等。

經常食用黃豆可以補充維他命B群，改善皮膚乾燥粗糙、頭髮乾枯、提高肌膚的新陳代謝率，促進排毒。也是糖尿病和心血管病患者的理想食品。

黃豆富含的纖維質可讓食物快速通過腸道，想要減肥的人也可以多吃。更年期女性和腦力勞動者也要多食用。

注意事項

生黃豆含有抗胰蛋白酶和抗凝血酶，所以不可以生食。患有嚴重肝病、腎病、痛風、動脈硬化、低碘者應禁食。黃豆在消化吸收過程中會產生過多的氣體造成肚脹，有消化功能不良、慢性消化道疾病、消化性潰瘍的患者，應該儘量少吃。

黃豆的營養成分（每百克的含量）

熱量（kcal）	粗蛋白（g）	粗脂肪（g）	碳水化合物（g）	維他命A效力（RE）
384	35.9	15.1	32.7	0

維他命E效力（α-TE）	維他命B_1（mg）	維他命B_2（mg）	菸鹼素（mg）	維他命C（mg）	膳食纖維（g）
2.34	0.71	0.17	1.02	0	15.8

※資料來源：行政院衛生署食品資訊網

五穀雜糧

糯米

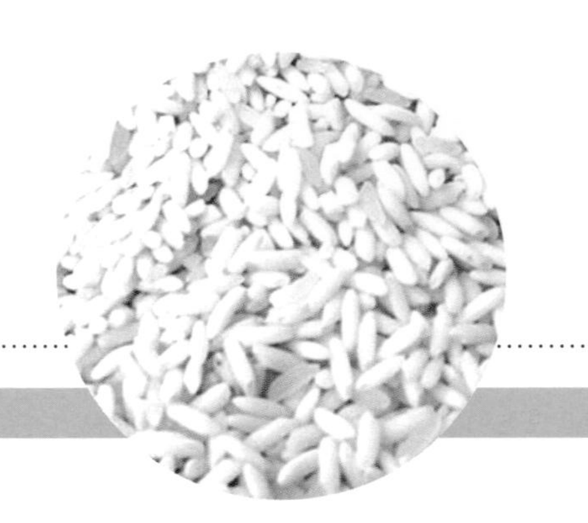

糯米又叫江米，是經常食用的糧食之一。口感黏滑，常用來做成風味小吃，深受大家喜愛。像是過年吃的年糕、元宵節的元宵、端午節的粽子等，都由糯米製成。

營養價值

糯米是一種溫和的滋補品，可補虛、補血、健脾暖胃、止汗等。適用於脾胃虛寒所致的反胃、食慾下降、腹瀉和氣虛引起的虛汗、氣短無力、妊娠腹部墜脹等症狀。糯米製成酒可用來滋補健身和治病。具壯氣提神、美容益壽、舒筋活血的功效。百合糯米粥清淡爽口，也是常食用的美食。製作方法為將糯米、百合、蓮子洗淨，鍋中倒水煮至半開，加入所有原料。糯米、百合、蓮子的比例為4:1:1。煮滾之後調至小火慢慢熬煮。依個人口味適量放點糖調味即可。

注意事項

糯米性質黏滯，不好消化，不要食用過多，尤其是老人、小孩或病人更要謹慎。糯米做成的甜、鹹年糕，具碳水化合物和鈉的含量均高，有糖尿病、過重或其他慢性病者，像是腎臟病、高血脂的人要適量食用。

● 糯米的營養成分（每百克的含量）

食物項目	熱量（kcal）	粗蛋白（g）	粗脂肪（g）	碳水化合物（g）	維他命A效力（RE）
長糯	356	7.9	0.9	77.1	0
圓糯	358	8.2	1.1	76.8	0

食物項目	維他命E效力（α-TE）	維他命B1（mg）	維他命B2（mg）	菸鹼素（mg）	維他命C（mg）	膳食纖維（g）
長糯	0.07	0.06	0.03	1.3	0	0.3
圓糯	0.28	0.14	0.03	0.9	0	0.7

紅豆

紅豆別名赤小豆、紅小豆，是一種紅色豆類。富含澱粉，是一年生直立草本植物，高度可達90cm；紅豆的莢果是圓柱形。

營養價值

紅豆有良好的利尿作用，能解酒、解毒，對心臟病和腎病、水腫等症狀具有舒緩作用。可用來輔助治療水腫、腳氣浮腫、黃疸、風濕、腹痛。產婦和哺乳期婦女可多吃紅豆，具有催乳的功效。

紅豆中含有豐富的膳食纖維，可以潤腸通便、預防結石、瘦身減肥。纖維素可幫助人體排除體內多餘鹽分、脂肪等廢物，具有瘦腿的效果。平常可多吃紅豆薏仁湯，紅豆可以益氣補血、消除水腫；薏仁可健脾利水、清熱解毒。

注意事項

紅豆利尿，所以尿頻的人應注意少吃或是儘量不吃。被蛇咬傷者忌食紅豆。紅豆可以和其他穀類食品混合食用，或是製成豆沙包、豆飯或豆粥等。

● 紅豆的營養成分（每百克的含量）

熱量（kcal）	粗蛋白（g）	粗脂肪（g）	碳水化合物（g）	維他命A效力（RE）
332	22.4	0.6	61.3	0

維他命E效力（α-TE）	維他命B_1（mg）	維他命B_2（mg）	菸鹼素（mg）	維他命C（mg）	膳食纖維（g）
0.63	0.43	0.1	2.06	2.4	12.3

※資料來源：行政院衛生署食品資訊網

燕麥是全世界常見的栽培農作物。我國栽培的燕麥以裸粒型為主，常稱裸燕麥。是一個適應性強，產量較高的糧、飼兼用作物。裸燕麥的別名很多，像是蓧麥、油麥、玉麥等。

營養價值

燕麥含豐富的蛋白質、脂肪和維他命B群、維他命E、碳水化合物及鈣、磷、鐵等，多種維他命和礦物質。另外，燕麥所含的必需胺基酸含量高、被人體的利用率也較高，其蛋白質的營養價值與雞蛋差不多。

每日服用燕麥片100公克，3個月後可明顯降低心血管和肝臟中的膽固醇、三酸甘油脂等。對於因肝、腎病變和糖尿病、脂肪肝等引起的繼發性高血脂症也有一定的療效。

注意事項

超市常售的即溶麥片，選擇低糖或無糖的，也都是追求健康的人們的活力來源。長期食用燕麥片，有利於糖尿病患者和肥胖病患者病情的控制。燕麥不要一次吃太多，否則容易引起胃痙攣或脹氣。脾胃、腸道虛弱者也不宜食用燕麥，因容易造成腹瀉。

燕麥的營養成分（每百克的含量）

熱量（kcal）	粗蛋白（g）	粗脂肪（g）	碳水化合物（g）	維他命A效力（RE）
402	11.5	10.1	66.2	0

維他命E效力（α-TE）	維他命B_1（mg）	維他命B_2（mg）	菸鹼素（mg）	維他命C（mg）	膳食纖維（g）
1.73	0.47	0.08	0.8	0.4	5.1

※資料來源：行政院衛生署食品資訊網

菠菜

菠菜又稱為赤根菜、波斯草。因為外型的關係，以前的人稱菠菜為「紅嘴綠鸚鵡」。選擇時儘量挑選葉柄短、根小色紅、葉色深綠者較好。

營養價值

中醫認為菠菜性涼、味甘辛、無毒。可促進胰腺分泌、幫助消化，清理人體腸胃的熱毒、利於排便。對於痔瘡、慢性胰腺炎、便秘、肛裂等症狀，都有良好的治療作用。

菠菜中所含的胡蘿蔔素，在人體內會轉變成維他命A，可維護正常視力和上皮細胞的健康，增加抵抗力、促進兒童生長發育等。還富含維他命C、鈣、磷，及一定量的鐵、維他命E等，可以供給人體多種營養素。菠菜中所含的鐵質，對治療缺鐵性貧血有很好的作用。菠菜烹煮後容易消化，特別適合老、幼、病、弱者食用。糖尿病患者經常吃菠菜可以保持血糖的穩定。但是嬰幼兒和缺鈣、軟骨病、肺結核、腹瀉則不宜多食。

注意事項

菠菜中所含草酸與鈣鹽能結合成草酸鈣結晶，讓腎炎的病人尿色混濁，腎炎和腎結石者不適合食用。

菠菜的營養成分（每百克的含量）

熱量（kcal）	粗蛋白（g）	粗脂肪（g）	碳水化合物（g）	維他命A效力（RE）
22	2.1	0.5	3	638

維他命E效力（α-TE）	維他命B_1（mg）	維他命B_2（mg）	菸鹼素（mg）	維他命C（mg）	膳食纖維（g）
0	0.05	0.08	0.5	9	2.4

※資料來源：行政院衛生署食品資訊網

白菜

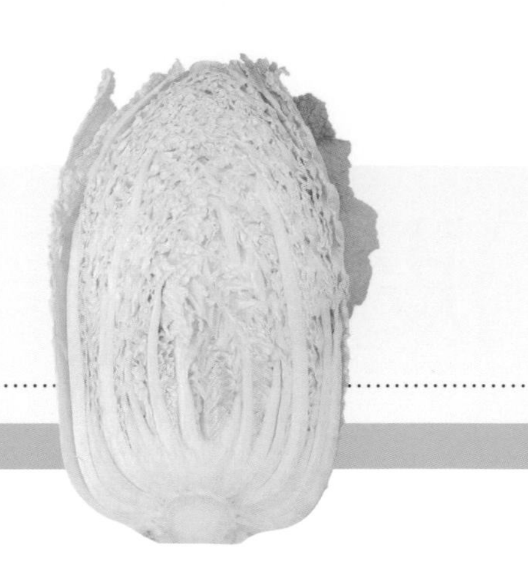

白菜屬於十字花科。種類很多，常見的有山東大白菜、山東白菜、包心白菜、大白菜心、結球白菜等。菜質軟嫩、清爽、味道鮮美而且營養豐富。可以炒食、煮湯、醃漬，或是用來燉、溜、拌等，常用於做成餡料或是配菜。

營養價值

白菜中含大量維他命，與肉類一起吃既可增加肉的鮮美，又能減少肉中的亞硝酸鹽含量，減少致癌物質亞硝酸胺的產生。白菜性平味甘，具有清熱、解渴、利尿、通便、清腸胃的功效。經常吃白菜可預防維他命C缺乏症、口乾舌燥、大小便不利、咳嗽等症狀。

白菜纖維素多，不但可以促進腸胃蠕動、幫助消化、防止大便乾燥，還能預防結腸癌。

注意事項

很多人儲存大白菜時，常用舊報紙包白菜。報紙的油墨顏料含有鉛、汞等有毒重金屬，還含有致癌物多氯聯苯。如果用報紙包裹白菜，油墨的細小顆粒就會滲入白菜中，再進入人體。長久下來會出現中毒症狀，甚至可能引發癌變。

白菜不要和豬肝、羊肝等一起食用；醃漬過的酸白菜因為含有大量的鹽，容易造成高血壓，也不可多吃。氣虛胃冷的人也不宜多吃白菜，以免反胃。如果不小心吃太多，可以喝生薑煮成的薑茶緩解。

很多人喜歡吃酸白菜，但製作酸白菜一定要注意衛生。如果醃漬的酸菜缸內，發現一層白色的霉菌就不可食用了，霉菌會促進亞硝胺生成，造成人體致癌，或是出現紫紺等缺氧症狀。

白菜的營養成分（每百克的含量）

食物項目	熱量 (kcal)	粗蛋白 (g)	粗脂肪 (g)	碳水化合物 (g)	維他命A效力 (RE)
山東白菜	15	1.6	0.4	2	18.3
包心白菜	12	1.1	0.2	1.8	5

食物項目	維他命E效力 (α-TE)	維他命B_1 (mg)	維他命B_2 (mg)	維他命B_{12} (mg)	維他命C (mg)	膳食纖維 (g)
山東白菜	0	0	0.03	0	19	1.3
包心白菜	0	0.01	0.02	0	19	0.9

※資料來源：行政院衛生署食品資訊網

苦瓜

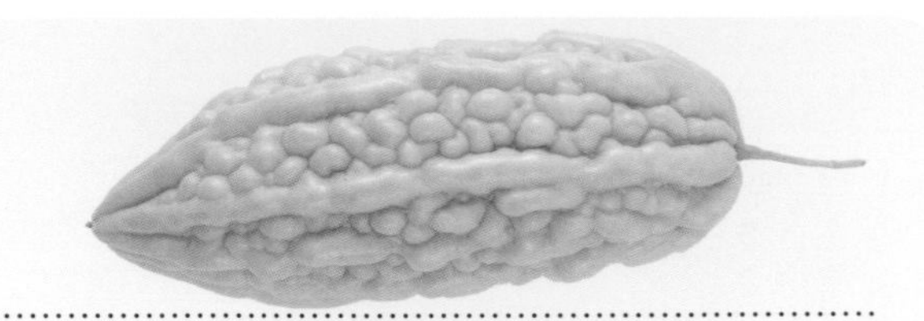

苦瓜為葫蘆科植物，表面有瘤狀物突起。國內苦瓜品種粗略可以分為白皮種、綠皮種以及山苦瓜（又稱野苦瓜）三大類。綠皮種又可分為深綠與淡綠兩種。

苦瓜的苦味也有濃淡不同，一般顏色越是濃綠的，苦味也會越重，因此山苦瓜的最苦，但是吃了以後可回甘，很多人酷愛這樣的甘苦滋味。加上醫學界特別提倡其抗氧化能力及降血糖、降血脂效果最好，讓山苦瓜相當受到矚目。

營養價值

苦瓜性寒、味苦，維他命C含量豐富。具有清熱解毒、養血滋肝、潤脾補腎、清火消暑、消除疲勞、清心明目、益氣壯陽的功效。

苦瓜中的脂蛋白，可促進人體免疫系統抵抗癌細胞，經常食用可增強人體免疫力。也有利於皮膚的新生和傷口的癒合，所以常吃苦瓜可以活化皮膚細胞。具有明顯的降血糖作用，適合糖尿病患者食用。苦瓜微苦、可回甘，夏天吃可以增進食慾、清熱消暑。

注意事項

苦瓜很適合糖尿病、肥胖、高血壓、水腫及腫瘤患者食用。但是要注意其性寒，最好和辣椒一起食用，脾胃虛寒者和體質衰弱者、孕婦都不可多吃。

苦瓜的營養成分（每百克的含量）

食物項目	熱量（kcal）	粗蛋白（g）	粗脂肪（g）	碳水化合物（g）	維他命A效力（RE）
苦瓜	18	0.8	0.2	3.7	2.3
野苦瓜	30	2.4	1.2	5.1	118

食物項目	維他命E效力（α-TE）	維他命B_1（mg）	維他命B_2（mg）	菸鹼素（mg）	維他命C（mg）	膳食纖維（g）
苦瓜	0	0.03	0.02	0.5	19	1.9
野苦瓜	0	0.01	0.01	0	87	5.1

※資料來源：行政院衛生署食品資訊網

絲瓜

絲瓜別名菜瓜、彎瓜、水瓜、布瓜、角瓜等，屬於葫蘆科，一年生攀緣性草本植物。食用時去皮，瓜肉細膩柔軟、清香滑口，可涼拌、和肉一起清炒或煮湯等，味道鮮美，是夏季主要的時令蔬菜。

營養價值

絲瓜所含的蛋白質、澱粉、鈣、磷、鐵和維他命A、維他命C等各類營養素在瓜類中屬較高者。其所含皂類物質、苦味物、黏液質、木膠、瓜胺酸、木聚糖和干擾素等，都具有保健的作用。

絲瓜性平、味甘，具有清暑涼血、解毒通便、祛風化痰、潤膚美容、活絡經脈、行血、促進乳汁等功效。絲瓜的子、藤、花、葉等，均可用來入藥。可清熱、止咳、化痰等，以及治療氣血阻滯的胸肋疼痛。絲瓜葉內服可清暑解熱，外用可消炎殺菌。絲瓜子可用來治療月經不協調、腰痛等。

注意事項

絲瓜不能生吃。烹煮時應儘量清淡、少油，可勾薄芡。將生長的絲瓜藤割斷，流出的絲瓜水具有潤肌防皺的功效。

● 絲瓜的營養成分（每百克的含量）

熱量 (kcal)	粗蛋白 (g)	粗脂肪 (g)	碳水化合物 (g)	維他命A效力 (RE)
17	1	0.2	3.4	0

維他命E效力 (α-TE)	維他命B1 (mg)	維他命B2 (mg)	菸鹼素 (mg)	維他命C (mg)	膳食纖維 (g)
0	0.01	0.02	0.2	6	0.6

※資料來源：行政院衛生署食品資訊網

冬瓜

蔬菜類

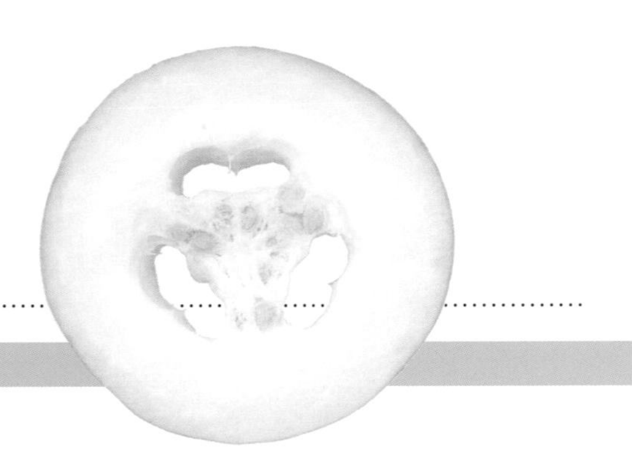

冬瓜又叫枕瓜、毛瓜，產於夏季。冬瓜成熟之時表面會附著一層白粉，就像是冬天結的白霜，所以有人稱冬瓜為白瓜。

冬瓜體型較大，瓜毛稀疏，皮色呈現墨綠色，表面有蠟質和白刺毛。

營養價值

冬瓜味甘淡、性涼。具有抗衰老、利尿、清熱、化痰、解渴的功效，能緩解水腫、痰多、中暑、痔瘡等症狀，多吃可保持皮膚潔白、潤澤。

冬瓜含有維生素B_1、維生素B_2、維生素C、蛋白質、碳類、鈣、磷、鐵、水分、粗纖維等，其所含的維他命B群，能將澱粉、醣類轉化成為能量，減少體內脂肪形成，幫助瘦身，是減肥一族的理想蔬菜。

注意事項

幾乎一般人都可食用冬瓜。尤其是患有腎臟病、糖尿病、高血壓、冠心病及肥胖者，都要多食用。但是冬瓜性質屬於涼寒，久病不癒或是陰虛火旺者應該少吃。

冬瓜的營養成分（每百克的含量）

熱量 (kcal)	粗蛋白 (g)	粗脂肪 (g)	碳水化合物 (g)	維他命A效力 (RE)
13	0.5	0.2	2.6	0

維他命E效力 (α-TE)	維他命B_1 (mg)	維他命B_2 (mg)	菸鹼素 (mg)	維他命C (mg)	膳食纖維 (g)
0	0.01	0.02	0.4	25	1.1

※資料來源：行政院衛生署食品資訊網

黃瓜

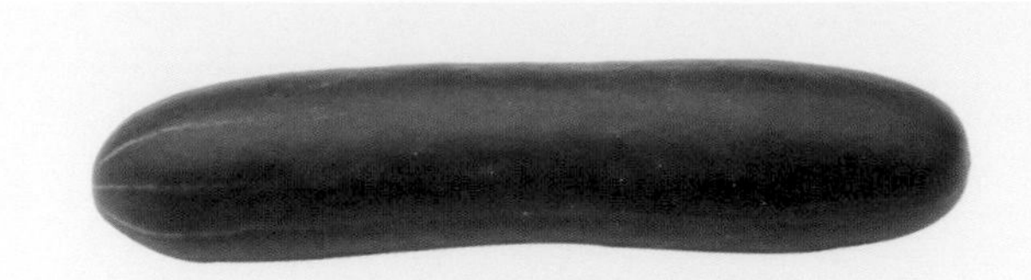

黃瓜一般常見大黃瓜與小黃瓜，同屬葫蘆科，大黃瓜別名胡瓜。幼果脆嫩，可以生食、熟食或醃漬，是食用的主要蔬果類之一。黃瓜莖部有粗毛，常有捲鬚，表面粗糙，果肉為綠色或白色，色澤翠綠，口感鮮嫩、清脆爽口。

營養價值

黃瓜中含有蛋白質、脂肪、糖類等化合物，鉀、鈣、磷、鐵等礦物質，還有維他命A、維他命B_1、維他命B_2、維他命C、維他命E、丙醇二酸等豐富的營養成分。

中醫認為黃瓜性涼、味甘，具有清熱、利水、解毒的功效。也可幫助身體除濕、潤腸、鎮痛等。癌症併發之發燒，或發炎性發熱的患者，吃黃瓜可清熱降溫；伴腹水、胸水或全身水腫的患者，吃黃瓜也可減輕症狀。夏天容易煩躁、口渴、喉嚨痛或是痰多之人，多吃黃瓜有助於消炎。

黃瓜具有美容功效，其所含黃瓜酸能促進人體的新陳代謝、排出毒素，是難得的養顏聖品。維他命C含量比西瓜高，能美白肌膚、保持肌膚彈性，並可抑制黑色素形成。

經常食用小黃瓜或小黃瓜片貼在皮膚上可有效地延緩皮膚老化，減少皺紋的產生，並可預防嘴唇炎、口角炎。黃瓜也是很好的減肥食材，其中含有的丙醇二酸能抑制糖類物質轉化成為脂肪，相當適合肥胖、高血壓、高血脂、糖尿病患者食用。

注意事項

小黃瓜可以當成水果生吃，但是不宜過多，否則身體容易積熱、生濕。患有痔瘡、腳氣病或是脾胃虛弱、腹痛腹瀉、肺寒咳嗽者，都應該少吃。

想要利用小黃瓜來減肥的人，記得一定要吃新鮮的小黃瓜而不要吃醃黃瓜，因為醃黃瓜含鹽量高，反而讓身體積水。另外，有肝病、心血管疾病、腸胃疾病以及高血壓之人，也不可常吃醃黃瓜。

黃瓜的營養成分（每百克的含量）

熱量 (kcal)	粗蛋白 (g)	粗脂肪 (g)	碳水化合物 (g)	維他命A效力 (RE)
17	0.9	0.2	3.4	28.3

維他命E效力 (α-TE)	維他命B_1 (mg)	維他命B_2 (mg)	菸鹼素 (mg)	維他命C (mg)	膳食纖維 (g)
0	0	0.02	0.5	8	0.9

※資料來源：行政院衛生署食品資訊網

茄子

蔬菜類

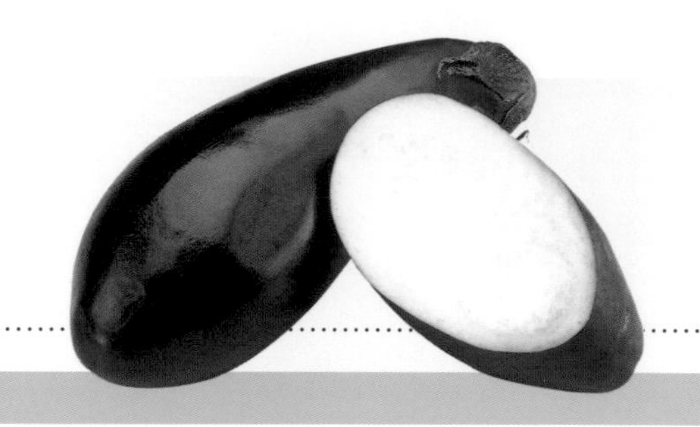

茄子屬茄科，是少見的紫色蔬菜，也是家常蔬菜之一。紫紅色的外皮是因為果皮中含有飛燕草素及糖苷；種子中含有龍葵鹼，可以抑制消化道中的腫瘤細胞增生。

營養價值

含有醣類、蛋白質、脂肪、膳食纖維、維他命（A、B、C、P）和鈣、磷、鐵、鉀等礦物質和豐富的胡蘿蔔素。紫皮中含有維他命P，營養價值高。

茄子可增加微血管的彈性，預防小血管出血，對於高血壓、動脈硬化、皮下出血、瘀血及壞血病等，都有一定的預防功效。可舒緩痛經、慢性胃炎及腎炎水腫等症狀。多吃茄子還能散血止痛、寬腸。散血止痛就是中醫常說的活血，癌症病人或是康復期仍有血瘀症狀者，可多食。寬腸是針對所謂的腸風下血患者，症狀表現為大便出血、腹痛等，多吃茄子也可緩解病情。

注意事項

茄子直接油炸會造成維他命P大量損失，可裹上麵糊。口感柔嫩，銀髮族可多食用。但中醫認為茄子性涼，體弱、胃寒的人不可多吃。

● 茄子的營養成分（每百克的含量）

熱量（kcal）	粗蛋白（g）	粗脂肪（g）	碳水化合物（g）	維他命A效力（RE）
25	1.3	0.4	4.7	3.3

維他命E效力（α-TE）	維他命B_1（mg）	維他命B_2（mg）	菸鹼素（mg）	維他命C（mg）	膳食纖維（g）
0	0.07	0.03	1.2	6	2.3

※資料來源：行政院衛生署食品資訊網

韭菜

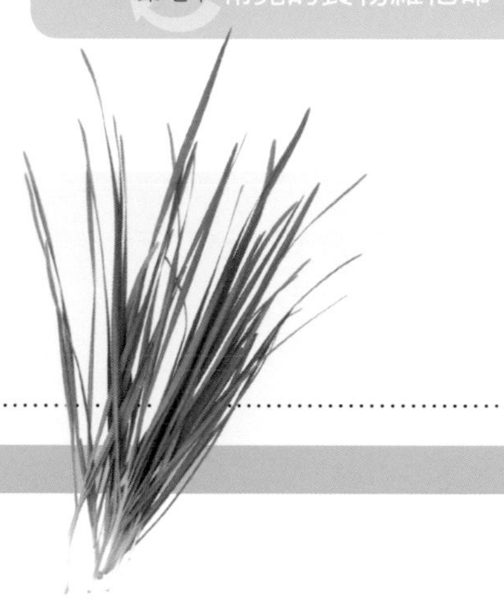

韭菜別名壯陽草、起陽草、長生草、懶人菜等。其嫩葉和柔嫩的花莖都可以食用。屬百合科多年生草本植物。

營養價值

韭菜性溫、具有辛辣味，所以有促進食慾的作用。可活血散瘀、溫腎壯陽、止產後化瘀、壯陽固精、健胃、提神醒腦等。成年男性可以多吃。

韭菜汁可用來消毒、殺菌，可以抑制痢疾桿菌、傷寒桿菌、大腸桿菌、葡萄球菌等。韭菜或是韭黃和豬肝一起炒，或是一起煮湯，不但可止虛汗，還能健脾、開胃。

注意事項

韭菜屬性偏熱，多吃容易上火。體質屬於陰虛火旺者不可多吃；胃虛、消化不良者也不宜食用。要注意的是，韭菜雖然有強精的作用，但過量食用會損壞腎臟，所以也不要天天食用或是一次大量食用。

過於老化的韭菜纖維多而粗糙，不容易被人體的腸胃消化吸收，多吃會引起胃腸不適或是腹瀉。因此，夏天不可吃多。

韭菜的營養成分（每百克的含量）

熱量（kcal）	粗蛋白（g）	粗脂肪（g）	碳水化合物（g）	維他命A效力（RE）
27	2	0.6	4.3	388

維他命E效力（α-TE）	維他命 B_1（mg）	維他命 B_2（mg）	菸鹼素（mg）	維他命C（mg）	膳食纖維（g）
0	0.03	0.08	0.4	12	2.4

※資料來源：行政院衛生署食品資訊網

香菜

香菜別名芫荽、胡荽。因莖葉中含有一種特殊的芳香味，所以俗稱香菜。以莖和葉為調味香料，其中含有揮發性物質可去除腥臭味。

營養價值

香菜主要營養成分有維他命C、維他命B_1、維他命B_2、胡蘿蔔素、鈣、磷、鐵等。其營養素的含量皆高於其他葉菜類蔬菜。其特殊香味可以增進食慾、幫助消化，還有降血壓的作用。中醫認為香菜辛溫，含芫荽油可袪風解毒、促進人體血液循環，具有壯陽助性的功效。香菜加入涼拌菜中可改善胃痛、嘔吐或食慾不振。加上橘皮、生薑一起煮粥，可驅寒止痛。也常用來改善風寒的頭痛等。

注意事項

香菜適合寒性體質、胃弱體質者食用。但多吃或經常食用會耗損精神，進而引發或加重氣虛。平常有盜汗、乏力、倦怠症狀者，或是產後、病後初癒、罹患感冒氣虛者，或是有狐臭、口臭、胃潰瘍、腳氣病、膿瘡患者，都不可食用，否則容易加重病情。

● 香菜的營養成分（每百克的含量）

熱量（kcal）	粗蛋白（g）	粗脂肪（g）	碳水化合物（g）	維他命A效力（RE）
28	2.5	0.4	4.6	1033

維他命E效力（α-TE）	維他命B_1（mg）	維他命B_2（mg）	菸鹼素（mg）	維他命C（mg）	膳食纖維（g）
0	0.02	0.1	0.6	63	2.5

※資料來源：行政院衛生署食品資訊網

茼蒿

茼蒿別名蒿子、稈蓬蒿，因為花很像野菊，所以又叫做菊花菜，屬菊科一年生草本植物。莖和葉可以一起吃，具有清氣，口感鮮香嫩脆。

營養價值

茼蒿除了含有維他命A和維他命C之外，胡蘿蔔素的含量高於其他蔬菜。並含有豐富的鈣、鐵等礦物質，所以又稱為鐵和鈣的補充劑，是小朋友和貧血患者的重要食療蔬菜。茼蒿性平、味辛甘。含有特殊香味的揮發油，具有寬中理氣、消食開胃、增加食慾的功效，含有的膳食纖維可幫助腸道蠕動、潤腸通便。豐富的維他命、胡蘿蔔素及多種胺基酸可養心安神、潤肺補肝、穩定情緒、防止記憶力減退、降血壓、補腦等。

茼蒿含有的鈉、鉀等礦物質，能調節體內水分代謝，消除水腫。也含有多種胺基酸及脂肪、蛋白質、微量元素，可補充造血所需要的營養。適合銀髮族及貧血者食用。

注意事項

茼蒿中的芳香性物質遇熱容易揮發，會減低其健胃作用，烹調時應儘量大火快炒，腹瀉者不宜多食。

● 茼蒿的營養成分（每百克的含量）

熱量 (kcal)	粗蛋白 (g)	粗脂肪 (g)	碳水化合物 (g)	維他命A效力 (RE)
16	1.8	0.5	1.7	503

維他命E效力 (α-TE)	維他命B_1 (mg)	維他命B_2 (mg)	菸鹼素 (mg)	維他命C (mg)	膳食纖維 (g)
0	0.03	0.03	0.5	7	1.6

※資料來源：行政院衛生署食品資訊網

空心菜

蔬菜類

空心菜原名蕹菜，可開出白色花，梗中心是空心的，所以又稱為空心菜。菜莖有節，每節除了芽點外，還會長出不定根。葉片為橢圓狀卵形或長三角形，其食用部位為幼嫩的莖葉，可炒食或涼拌、煮湯等。

營養價值

空心菜性平、味甘，可以解毒。如果在野外誤食野菌、毒菇中毒，可將空心菜搗汁大量灌服，以急救解毒。空心菜維他命A含量約比番茄高出2倍，維他命C含量約比番茄高出31.6%。

空心菜也含有多種營養素和礦物質、纖維質等。其纖維質是由纖維素、本質素和果膠等組成。果膠可促進體內有毒物質排出，木質素能提高巨噬細胞吞食細菌的能力，具有殺菌消炎的功效。維他命C和胡蘿蔔素可增強體質。葉綠素可清齒防齲、潤澤肌膚。

注意事項

空心菜一般人都可以食用。但是體質虛弱、脾胃虛寒、腹瀉者不可多吃。

● 空心菜的營養成分（每百克的含量）

熱量 (kcal)	粗蛋白 (g)	粗脂肪 (g)	碳水化合物 (g)	維他命A效力 (RE)
24	1.4	0.4	4.3	378

維他命E效力 (α-TE)	維他命B_1 (mg)	維他命B_2 (mg)	菸鹼素 (mg)	維他命C (mg)	膳食纖維 (g)
0	0.01	0.1	0.7	14	2.1

※資料來源：行政院衛生署食品資訊網

芹菜

蔬菜類

芹菜別名香芹，為繖形花科（Umbelliferae）芹菜屬。是一種口感脆嫩，別具獨特風味的香辛蔬菜，有水芹、旱芹兩種，可熱炒，又可涼拌。具有一定的藥理和治療價值。芹菜的葉莖狹長，是主要食用部分。

營養價值

芹菜可以治療高血壓及其併發症，以及血管硬化、神經衰弱等。含鐵量較高，缺鐵性貧血患者要多吃。常吃芹菜可以中和尿酸及體內的酸性物質，預防痛風。芹菜的葉、莖中含有揮發性物質，具特殊芳香，能增進食慾、降低血糖。

芹菜中的鋅元素，可以提高男性的性功能，西方稱之為夫妻菜。其鈣、磷含量較高，具鎮靜和保護血管的作用，可降血壓、增強骨骼強度，預防小兒軟骨症。

注意事項

通常大家都只食用它的莖部，把葉子和根丟棄。其實芹菜葉中所含營養素比莖更豐富。心血管疾病患者最好將根、莖、葉一起洗淨後食用。

芹菜的營養成分（每百克的含量）

熱量（kcal）	粗蛋白（g）	粗脂肪（g）	碳水化合物（g）	維他命A效力（RE）
17	0.9	0.3	3.1	71.7

維他命E效力（α-TE）	維他命B_1（mg）	維他命B_2（mg）	菸鹼素（mg）	維他命C（mg）	膳食纖維（g）
0	0	0.04	0.5	7	1.6

※資料來源：行政院衛生署食品資訊網

番茄

蔬菜類

番茄別名洋柿子，屬於茄科中的番茄屬。番茄莖部容易生長不定根，移植、繁殖容易，所以品種眾多。台灣的番茄產地大多集中在彰化、西螺等中南部地區。

目前，全球的番茄品種超過上千種，主要有綠色和紅色系。所謂綠色系是一般黑葉番茄，紅色系則有牛番茄、桃太郎番茄、聖女番茄等。近年來還出現黃色品系的黃金番茄。

番茄的加工製品也相當多，像是番茄醬、番茄汁、番茄糊……等，加工製品因為番茄經過烹調過以後，營養素比較容易被人體所利用。但是加工製品多加入鹽，必須注意鈉的攝取量，有高血壓症狀者不可多吃。

營養價值

番茄中茄紅素又稱為番茄紅素，屬於類胡蘿蔔素（carotenoid），對心血管具有保護作用，能預防心臟病、動脈硬化、冠心病等，但因為它是脂溶性色素，要經過烹調後才能夠溶出。

番茄所含的番茄紅素具有獨特的抗氧化能力，能清除自由基，保護細胞，預防癌變。可以有效預防前列腺癌、胰腺癌、直腸癌、喉癌、口腔癌、乳腺癌等發生率。富含維他命C，可以增強抵抗力、預防壞血病及細菌感染、抗衰老等，還可維持皮膚白皙。

番茄中的維他命B_3能維持胃液的正常分泌，促進紅血球生成，保持血管壁的彈性和保護皮膚。番茄中含有果膠纖維可預防便秘。

中醫認為番茄性涼、味甘、酸。具有生津止渴、健胃消食、涼血平肝、清熱解毒、降低血壓之功效，對高血壓、腎臟病等疾病具有良好的治療作用。

注意事項

(1) 番茄不宜和黃瓜一起食用。因為黃瓜中含有一種維他命C分解酶，會破壞番茄中豐富的維他命C。

(2) 番茄外皮中含大量的茄紅素，所以最好連皮一起吃。

(3) 番茄中含多量維他命K，維他命K會催化肝中凝血酶原以及凝血活素的合成，所以服用含有肝素等抗凝血的藥物時，不可食用番茄。

(4) 空腹時也不宜食用番茄。因番茄含有的大量果膠、可溶性收斂劑等，會和胃酸反應，凝結成難以溶解的塊狀結石，引起胃腸脹痛等不適症狀。

(5) 未成熟的青番茄含有生物鹼，食用後也會感到口腔苦澀，嚴重者甚至會出現中毒現象。

(6) 有急性腸炎、細菌性感染下痢，以及有腸胃潰瘍等症狀者，不宜食用番茄。腎炎病人可以多吃。

番茄的營養成分（每百克的含量）

熱量 (kcal)	粗蛋白 (g)	粗脂肪 (g)	碳水化合物 (g)	維他命A效力 (RE)
26	0.9	0.2	5.5	84.2

維他命E效力 (α-TE)	維他命B_1 (mg)	維他命B_2 (mg)	菸鹼素 (mg)	維他命C (mg)	膳食纖維 (g)
0	0.02	0.02	0.6	21	1.2

※資料來源：行政院衛生署食品資訊網

青椒

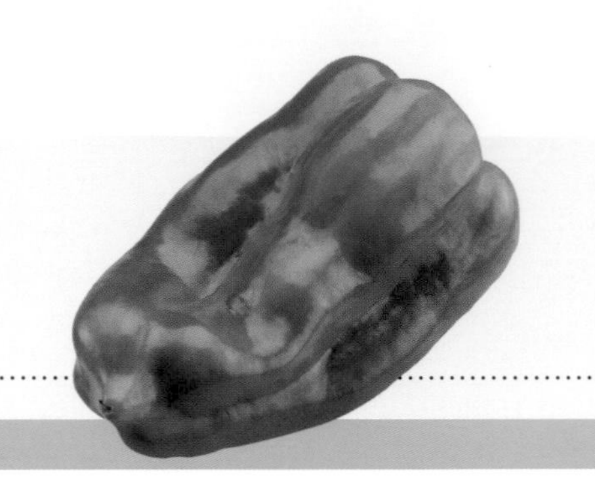

青椒別名甜椒、柿子椒、菜椒等，和辣椒同屬茄科辣椒屬，一年生草本植物。青椒的果實較大，辣味較淡，甚至是不辣，通常當作蔬菜而不是調味料。青椒的顏色翠綠鮮豔，能培育出許多品種，像是紅、黃、紫等多種顏色的甜椒。

營養價值

青椒含有可抗氧化的維他命和微量元素，能增強體力，緩解因工作、壓力造成的疲勞。含有辣椒素，可刺激唾液、胃液分泌、增進食慾、幫助消化、促進腸胃蠕動，防止便秘。食用後會心跳加速、皮膚血管擴張，讓人通體溫熱。所以中醫認為食用青椒可溫中下氣、散寒除濕。

青椒含有豐富的維他命C、維他命K，可以防治壞血病，治療牙齦出血、貧血、血管脆弱等。將體內多餘的膽固醇轉變為膽汁酸，進而預防膽結石。已經有膽結石者，多吃富含維他命C的青椒可以有效改善病情。

注意事項

青椒如果過量容易引發或加重痔瘡等，要少吃。有潰瘍、食道炎、咳喘、咽喉腫痛的患者也要少吃。

● 甜椒的營養成分（每百克的含量）

熱量 (kcal)	粗蛋白 (g)	粗脂肪 (g)	碳水化合物 (g)	維他命A效力 (RE)
25	0.8	0.2	5.5	36.7

維他命E效力 (α-TE)	維他命B1 (mg)	維他命B2 (mg)	菸鹼素 (mg)	維他命C (mg)	膳食纖維 (g)
0	0.03	0.03	0.8	94	2.2

※資料來源：行政院衛生署食品資訊網

辣椒

辣椒又稱為番椒、辣子、辣茄，茄科辣椒屬。果實通常是圓錐形或長圓形，未成熟時呈綠色，成熟後變成鮮紅色、黃色或紫色。採收曬乾則可以做成辣椒乾，不論新鮮或乾燥，都是常用的辛香料之一。

營養價值

中醫認為，辣椒能驅寒、止下痢、增進食慾、促進消化，但不可過於偏辣，這樣容易造成臟腑陰陽失調而罹患疾病。

辣椒可刺激口腔及胃腸蠕動，促進消化液分泌，並抑制腸內異常發酵、預防胃潰瘍。常吃辣椒可降低血脂，預防心血管系統疾病。辣椒素能降血糖、促進血液循環，有效燃燒體內的脂肪，進而達到減肥目的。

注意事項

患有口腔潰瘍、痔瘡、皮膚炎、甲狀腺機能亢進、慢性膽囊炎、慢性氣管炎、高血壓、角膜炎、腎炎、腸胃功能不佳等疾病者，都應少食或不吃。辣椒吃多了容易導致肺氣過盛，耗傷陰氣，因免疫力降低而罹患感冒，出現咽喉乾痛、舌痛以及爛嘴角、流鼻血、牙痛等上火的症狀。

辣椒的營養成分（每百克的含量）

熱量（kcal）	粗蛋白（g）	粗脂肪（g）	碳水化合物（g）	維他命A效力（RE）
61	2.2	0.2	13.7	370

維他命E效力（α-TE）	維他命B_1（mg）	維他命B_2（mg）	菸鹼素（mg）	維他命C（mg）	膳食纖維（g）
0	0.17	0.15	2.1	141	6.8

※資料來源：行政院衛生署食品資訊網

馬鈴薯

馬鈴薯別名土豆、洋芋等。茄科，多年生草本植物。地下塊莖呈圓、卵、橢圓等形狀，有芽眼，塊莖可供食用，是重要的糧食、蔬菜。因為馬鈴薯的營養豐富，故有「地下蘋果」之稱。

營養價值

馬鈴薯的營養成分非常豐富，蛋白質接近動物蛋白。含有特殊的黏蛋白，不但可以潤腸，還有促進脂肪代謝的作用，能幫助膽固醇代謝。馬鈴薯熱量低，它所含的碳水化合物極易被人體消化、吸收，能耐饑餓而且不傷胃。含有大量的優質纖維素，可預防、治療便秘。具有解毒、消炎的功效。

注意事項

馬鈴薯中含有一種有毒物質「龍葵鹼」。含量達0.02%時就會引起中毒，輕者導致下痢，重者則會麻痺、痙攣，甚至死亡。當馬鈴薯發芽時，龍葵鹼含量可能高達0.5~0.7%。因此，不可以吃發芽的馬鈴薯。

馬鈴薯泥在加工過程中就會被氧化，破壞維他命C；炸薯條因高溫加熱，容易產生聚合物，儘量少吃。

馬鈴薯的營養成分（每百克的含量）

熱量(kcal)	粗蛋白(g)	粗脂肪(g)	碳水化合物(g)	維他命A效力(RE)
81	2.7	0.3	16.5	0

維他命E效力(α-TE)	維他命B_1(mg)	維他命B_2(mg)	菸鹼素(mg)	維他命C(mg)	膳食纖維(g)
0	0.07	0.03	1.3	25	1.5

※資料來源：行政院衛生署食品資訊網

山藥

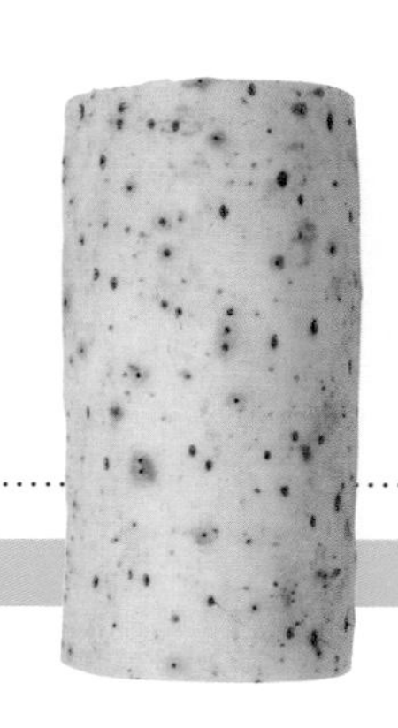

山藥，別名大薯、淮山。為薯蕷科，根莖長度約33~66cm，最長可到達100cm以上。質地堅硬，斷面為白色、粉性、無臭、味淡、微酸且具有黏性。

營養價值

中醫認為，山藥性平、味甘，可補中益氣、補脾養胃、生津益肺、補腎益精等。可用於治療脾虛食少、久瀉不止、肺虛喘咳、腎虛遺精、白帶過多、頻尿、虛熱口渴等。或是用來治療慢性腸炎、消化及吸收不良等症狀。

注意事項

清洗山藥時，可用溫水加適量食鹽浸泡，這樣更容易清洗。體質過敏者去皮時最好戴上乳膠手套，因為黏液容易讓肌膚敏感。

山藥有收斂作用，所以如果罹患感冒、大便燥結者及腸胃積滯者不可食用。

山藥的營養成分（每百克的含量）

熱量（kcal）	粗蛋白（g）	粗脂肪（g）	碳水化合物（g）	維他命A效力（RE）
73	1.9	2.2	12.8	0

維他命E效力（α-TE）	維他命B_1（mg）	維他命B_2（mg）	菸鹼素（mg）	維他命C（mg）	膳食纖維（g）
0	0.03	0.02	0.11	4.2	1

※資料來源：行政院衛生署食品資訊網

芋頭

芋頭又稱芋仔，口感細軟、綿甜。是很好的鹼性食物。可作為主食，又可用來做點心。屬於塊莖植物，種類繁多，有些為橢圓形，形似甘薯，而其他大多為圓形。

營養價值

芋頭可益胃寬腸、通便解毒、補益肝腎、調節中氣、化痰。所含礦物質中，氟的含量較高，具有潔齒防齲的作用。多種微量元素能提升免疫功能，預防、治療癌症腫瘤。

芋頭具有止瀉、增強人體的免疫力等功能。其中鉀含量比其他根莖類高，因此常吃芋頭可以幫助身體排出多餘的鈉，以降低血壓。還可吸附膽酸、加速膽固醇代謝、促進腸胃蠕動、增加飽足感，減少熱量的攝取等。此外，還可延緩血糖上升，幫助糖尿病患者控制血糖。

注意事項

芋頭含有較多澱粉，吃多會導致腹脹。黏液中含有一種複雜的化合物，遇熱能被分解，對皮膚黏膜有較強的刺激，因此剝洗芋頭時最好戴上手套，或是先將芋頭帶皮水煮，煮沸以後先沖冷水再削皮。

● 芋頭的營養成分（每百克的含量）

熱量（kcal）	粗蛋白（g）	粗脂肪（g）	碳水化合物（g）	維他命A效力（RE）
128	2.5	1.1	26.4	6.7

維他命E效力（α-TE）	維他命B_1（mg）	維他命B_2（mg）	菸鹼素（mg）	維他命C（mg）	膳食纖維（g）
0	0.03	0.02	0.75	8.8	2.3

※資料來源：行政院衛生署食品資訊網

胡蘿蔔

胡蘿蔔又稱紅蘿蔔，傘形科胡蘿蔔屬。以長筒、短筒、長圓錐及短圓錐等不同形狀區分，也有黃、橙、橙紅等不同顏色。

營養價值

胡蘿蔔富含β－胡蘿蔔素，是人體所需維他命A的主要來源。中醫認為胡蘿蔔性涼、味甘，有養血排毒、健脾和胃、防癌抗癌、保護視力的功效，素有「小人參」之稱。

具有解毒的功效，不但含有豐富的胡蘿蔔素，能合成人體維他命A，而且還含有大量的果膠，能有效降低血液中汞離子的濃度，加速體內汞離子的排出。

注意事項

胡蘿蔔素是脂溶性的物質，在油脂中溶解後，才能在人體小腸黏膜的作用下轉化為維他命A，被人體吸收。維他命A可以增強氣管黏膜的抵抗力，進而預防呼吸道疾病。但是脾胃虛寒者，不可生食。

胡蘿蔔的營養成分（每百克的含量）

熱量（kcal）	粗蛋白（g）	粗脂肪（g）	碳水化合物（g）	維他命A效力（RE）
38	1.1	0.5	7.8	9980

維他命E效力（α-TE）	維他命B_1（mg）	維他命B_2（mg）	菸鹼素（mg）	維他命C（mg）	膳食纖維（g）
0	0.03	0.04	0.8	4	2.6

※資料來源：行政院衛生署食品資訊網

洋蔥

洋蔥別名蔥頭，與大蒜有相近的辛辣味。洋蔥並不是塊根植物，而是一種鱗莖植物。屬百合科，具有特殊氣味。洋蔥精油中含有可降低膽固醇的含硫化合物。

營養價值

洋蔥除了脂肪含量低，也含豐富的蛋白質、醣類、膳食纖維及鈣、磷、鐵、硒、胡蘿蔔素、維他命B_1、維他命B_2、維他命B_3、維他命C等。

中醫認為其性溫、味辛。濃郁的香氣可刺激胃酸分泌，增進食慾。洋蔥中含有叫「硫化丙烯」的油性揮發液，可消炎殺菌，尤其是對於金黃色葡萄球菌、白喉桿菌、痢疾桿菌、大腸桿菌和滴蟲等，都具有抗菌作用。可用來防治感染性疾病，如腸炎、痢疾、滴蟲性陰道炎等。洋蔥精油可提高血脂偏高患者體內纖維蛋白溶解酶的活性，降低血液黏稠度、改善動脈粥狀硬化，及預防高血脂症、高血壓、冠心病、糖尿病等。

注意事項

洋蔥含有硒元素，能增強人體免疫力，還含一種槲皮黃素，可抑制癌物活性、癌細胞的分裂和生長。

洋蔥的營養成分（每百克的含量）

熱量 (kcal)	粗蛋白 (g)	粗脂肪 (g)	碳水化合物 (g)	維他命A效力 (RE)
41	1	0.4	9	0

維他命E效力 (α-TE)	維他命B_1 (mg)	維他命B_2 (mg)	菸鹼素 (mg)	維他命C (mg)	膳食纖維 (g)
0	0.03	0.01	0.4	5	1.6

※資料來源：行政院衛生署食品資訊網

木耳

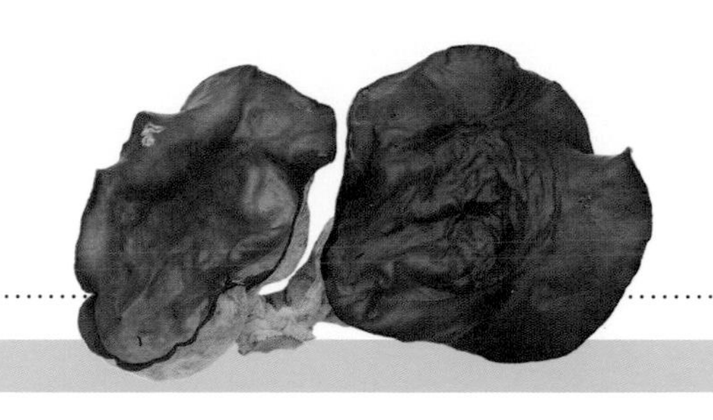

木耳屬木耳科。有黑木耳、白木耳與黃木耳三種，白木耳又稱「銀耳」，含豐富胺基酸和多醣體的膠質。

營養價值

黑木耳含有膳食纖維、維他命B_2、維他命B_3等多種維他命及無機鹽、磷脂、植物固醇。含鐵量高，是一種天然補血食品。

白木耳含有鈣、磷、鉀等多種微量元素，是滋陰補品。可排出體內毒素、幫助消化。改善膽結石、腎結石、心臟病、心血管疾病患者的症狀。

木耳可生津潤肺、滋陰養胃、益氣活血、補腦強心，對於肺熱咳嗽、咳痰帶血、肺燥乾咳、胃腸燥熱、便秘出血、創傷出血、月經不調以及血管硬化、高血壓等，都可輔助治療。

黑木耳能減少血液凝塊，預防血栓、動脈粥狀硬化和冠心病。其中豐富的纖維素和一種特殊的膠質，能促進胃腸蠕動，幫助腸道脂肪的排泄、減少吸收、預防肥胖。

注意事項

黑木耳可抗凝血，患有出血性疾病的人不宜食用。白木耳清肺熱，外感風寒者也不宜食用。

● 木耳的營養成分（每百克的含量）

熱量（kcal）	粗蛋白（g）	粗脂肪（g）	碳水化合物（g）	維他命A效力（RE）
35	0.9	0.3	7.7	0

維他命E效力（α-TE）	維他命B_1（mg）	維他命B_2（mg）	菸鹼素（mg）	維他命C（mg）	膳食纖維（g）
0	0	0.05	0.5	0	6.5

※資料來源：行政院衛生署食品資訊網

葡萄

葡萄別名蒲桃、葡桃，為葡萄科。開花後結成漿果，漿果為橢球形或圓球形。顏色鮮豔、肉厚、味甜。除了作為鮮果來食用之外，也會用來釀酒，或是加工成葡萄汁、葡萄乾等食品。葡萄營養價值極高。成熟的漿果中含有15～25%的葡萄糖以及許多種對人體有益的維他命和礦物質。

營養價值

葡萄中含有一種苯酚聚合物，還含有酒石酸、草酸、檸檬酸、蘋果酸等多種營養成分。苯酚聚合物會與病毒或是細菌中的蛋白質結合，降低疾病傳染的能力，尤其是對於肝炎病毒、脊髓灰質炎病毒，都會有很好的抵抗力和殺菌力。

葡萄中的維他命P，可緩解胃炎、腸炎及嘔吐。果酸可以幫助消化、健脾開胃，預防心血管疾病、腫瘤等。

身體缺乏維他命B_{12}容易罹患惡性貧血。帶皮的葡萄發酵製成的紅葡萄酒，每公升中含維他命B_{12}約12～15毫克，因此常喝紅葡萄酒，有益於預防因為缺乏維他命B_{12}所引起的惡性貧血。

葡萄酒可以增加血漿中高密度脂蛋白，同時減少低密度脂蛋白的含量。低密度脂蛋白是血液中可能會引起動脈粥狀硬化的蛋白質，而高密度脂蛋白含有抗動脈粥狀硬化的作用，可以防止動脈硬化，是屬於好的蛋白質。所以適量的飲用葡萄酒可以預防冠心病。

葡萄中鉀元素的含量較高，可以幫助人體留住鈣質，促進腎臟功能，調節心跳次數。葡萄中含有豐富的葡萄糖、有機酸、胺基酸、維他命等，可刺激大腦神經，治療神經衰弱和消除過度疲勞等。

注意事項

便秘、腸胃虛弱者都不宜多吃。葡萄含糖量高，多吃容易引起蛀牙以及肥胖，還會引起內熱，導致腹瀉、煩悶等症狀。

● 葡萄的營養成分（每百克的含量）

食物項目	熱量（kcal）	粗蛋白（g）	粗脂肪（g）	碳水化合物（g）	維他命A效力（RE）
加州葡萄	62	0.4	0.7	15.3	6.3
白葡萄	46	0.6	0.2	11.8	183

食物項目	維他命E效力（α-TE）	維他命 B_1（mg）	維他命 B_2（mg）	菸鹼素（mg）	維他命C（mg）	膳食纖維（g）
加州葡萄	0	0.01	0.01	0.2	5	0.5
白葡萄	0	0.03	0.01	0.1	5	0.5

※資料來源：行政院衛生署食品資訊網

蘋果

水果類

蘋果是薔薇科蘋果屬植物。滋味酸甜可口而且營養豐富，是最常見的四季水果之一。營養價值和醫用價值都很高。

營養價值

蘋果可生津、潤肺、解煩、消暑、開胃、醒酒、止瀉等。還含有 「蘋果多酚」，容易被人體所吸收。蘋果多酚具有抗氧化作用，可以消除異味、魚腥味、口臭等。多吃蘋果能預防蛀牙、抑制黑色素、酵素的產生。有效抑制血壓上升，減低過敏反應。

蘋果中有「果膠」，是一種水溶性的食物纖維，可以減少腸內的不良細菌數，幫助有益菌的繁殖。

蘋果中含有維他命C，可以抑制皮膚黑色素的形成、消除皮膚上的色斑、增加血紅素、延緩老化等，具有美容養顏的功效。

注意事項

蘋果不要和海鮮一起食用，否則容易引起腹痛、噁心、嘔吐等。在飯後2小時或飯前1小時吃最好，可以有效吸收維生素和纖維質。

● 蘋果的營養成分（每百克的含量）

食物項目	熱量（kcal）	粗蛋白（g）	粗脂肪（g）	碳水化合物（g）	維他命A效力（RE）
五爪蘋果	50	0.1	0.1	13.4	3.8
富士蘋果	46	0.3	0.2	12.1	4.2

食物項目	維他命E效力（α-TE）	維他命B_1（mg）	維他命B_2（mg）	菸鹼素（mg）	維他命C（mg）	膳食纖維（g）
五爪蘋果	0	0	0	0.18	2.1	1.6
富士蘋果	0	0	0.01	0.2	2	1.2

※資料來源：行政院衛生署食品資訊網

奇異果

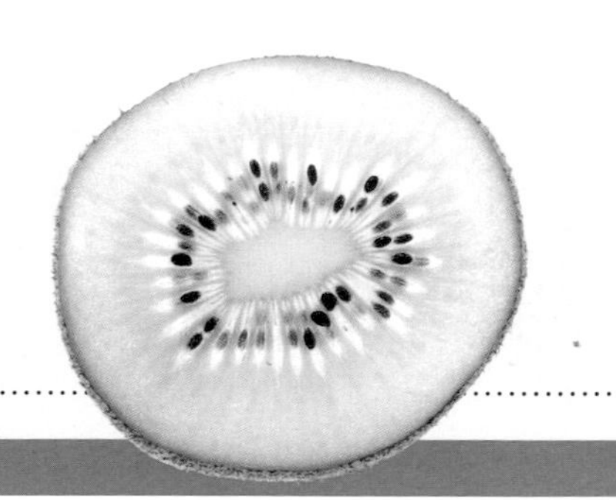

奇異果又叫做獼猴桃。果實呈球形、橢圓形或圓錐形。外皮是黃棕色或棕紅色，有濃密的棕黃色毛，果皮皺縮、凹凸不平。含有豐富的可溶性膳食纖維和維他命C。

營養價值

奇異果營養成分相當豐富，含有醣類、蛋白質、類胡蘿蔔素，以及鉀、鎂、鐵等礦物質。具有安眠、穩定情緒、鎮靜心情、降血脂的作用。中醫則認為其味甘酸、性寒，能夠清熱、解煩、止渴、利尿。

維他命C可作為抗氧化劑，有效預防癌症。膳食纖維不但可以降低膽固醇，增進心臟健康，還能幫助消化、預防便秘，並加速體內代謝。便秘、情緒低落，或是常吃燒烤的人都應經常食用。

注意事項

奇異果性質寒涼，脾胃功能較弱的人如果食用過多，會導致腹痛、腹瀉，所以脾胃虛寒的人不可食用。

因為維他命C含量高，會和奶製品中的蛋白質凝結成塊，影響消化、吸收。所以食用奇異果後，不要馬上喝牛奶或是食用其他乳製品。

奇異果的營養成分（每百克的含量）

熱量 (kcal)	粗蛋白 (g)	粗脂肪 (g)	碳水化合物 (g)	維他命A效力 (RE)
53	1.2	0.3	12.8	16.7

維他命E效力 (α-TE)	維他命B_1 (mg)	維他命B_2 (mg)	菸鹼素 (mg)	維他命C (mg)	膳食纖維 (g)
0	0	0.01	0.3	87	2.4

※資料來源：行政院衛生署食品資訊網

櫻桃

櫻桃，又叫含桃，屬薔薇科。成熟時顏色鮮紅、營養豐富。挑選櫻桃時應該選擇果實飽滿結實、帶有綠梗者，而且最好趁新鮮享用。櫻桃害怕高溫，所以保存時最好是用冷藏的方式，這樣可以維持櫻桃的味道、色澤等。

營養價值

櫻桃中含有胡蘿蔔素、維他命A、維他命B_1、維他命B_2、維他命C、菸鹼素等多種維他命。另有18種胺基酸，其中8種是人體不能合成的必需胺基酸。

中醫認為櫻桃性溫、味甘，具有調氣活血、平肝祛熱、預防風濕等功效。讓兒童飲用櫻桃汁可以預防感冒。櫻桃核具有發汗、消疹、解毒的作用。

櫻桃可以幫助緩解燒燙傷，具有收斂、止痛、防止傷處起泡化膿的作用。也能治療輕、重度的凍傷。櫻桃中含有豐富的花青素及維他命E等，這些營養素都是抗氧化劑，可以消除肌肉痠痛。食用櫻桃幾天以後就可以消腫、減輕疼痛。

花青素可以抑制毒素擴大傷口，具有緩解疼痛、發炎的作用。科學家認為，一天吃20顆櫻桃可以讓人放鬆心情，緩解女性痛經。

櫻桃的營養價值極高，所含蛋白質、醣類、磷、胡蘿蔔素、維他命C等含量均比蘋果、水梨高。將櫻桃汁塗在臉上或是皺紋處，可以讓皮膚紅潤、嫩白，並有去皺除斑的功效。

櫻桃含鐵量極高，多過於其他水果。鐵元素是合成人體血紅蛋白、肌紅蛋白的原料，在增強人體免疫力、蛋白質合成及能量代謝等的過程中相當重要，與人體的大腦細胞活化、神經功能、衰老過程等有關。常吃櫻桃可以補充人體對鐵元素的需求，促進血紅蛋白的再生，防治缺鐵性貧血、增強體質、健腦益智。

注意事項

櫻桃可以解毒，尤其適合常接觸電腦輻射的人食用。

中醫認為有熱性病或是哮喘、咳嗽者不可多吃。兒童如果食用過量，易引發熱性病、肺結核、慢性支氣管炎與支氣管擴張等症。有陰虛咳嗽，如：乾咳、少痰、痰黃而稠，或午後潮熱、盜汗、舌苔紅、脈象細微等症狀，不可吃櫻桃。

● 櫻桃的營養成分（每百克的含量）

熱量（kcal）	粗蛋白（g）	粗脂肪（g）	碳水化合物（g）	維他命A效力（RE）
71	0.9	0.4	18	1.2

維他命E效力（α-TE）	維他命B_1（mg）	維他命B_2（mg）	菸鹼素（mg）	維他命C（mg）	膳食纖維（g）
0	0.01	0.05	0.2	12	1.5

※資料來源：行政院衛生署食品資訊網

西瓜

水果類

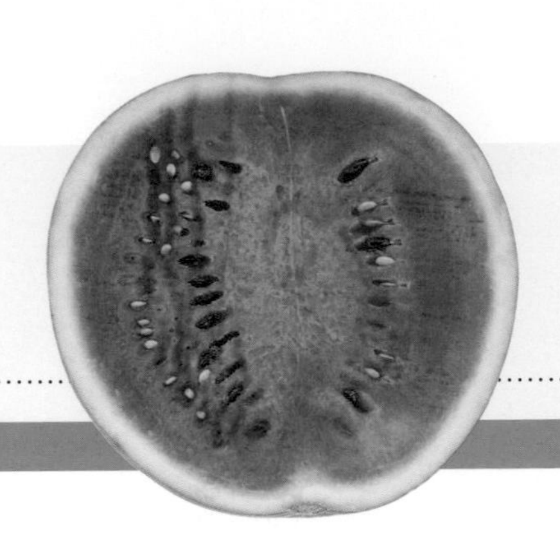

西瓜又稱夏瓜、寒瓜，屬葫蘆科。因在漢朝時從西域引入，故稱「西瓜」。西瓜是夏季最主要生產的水果。形狀為圓球、橢圓球等。果皮表面平滑或具曲溝紋路，顏色是綠白、綠、深綠、墨綠、黑色等，果皮上有細網紋或條帶。果肉呈現淡黃、深黃、淡紅、大紅等色。肉汁多味美。

營養價值

成熟的西瓜除了含有大量水分之外，瓜肉的含糖量約為5～12%，包含葡萄糖、果糖和蔗糖等，甜度隨瓜果越成熟而增加。幾乎不含澱粉。

西瓜中含有大量的水分，多種胺基酸和醣類，可有效補充人體水分，預防因水分散失過多而中暑。還可以透過小便次數多而排除體內多餘的熱量，達到清熱解暑的功效。

西瓜汁就像是人體的「清道夫」，可以排除體內代謝的多餘產物。淨化腎臟及輸尿管道，還能啟動人體的機能細胞，達到美容及延緩衰老的功效。

西瓜中含有蛋白酶，可以將非水溶性蛋白質轉化為水溶性蛋白質，以利人體吸收；具有利尿降血壓的作用；西瓜中含有少量的鹽類，可以治療腎炎。

西瓜的營養豐富，含葡萄糖、蘋果酸、枸杞鹼、果糖、蔗糖酶、胺基酸、茄紅素及豐富的維他命C。具有消炎、降血壓、促進新陳代謝、減少膽固醇累積、軟化及擴張血管、抗壞血病等功效。能提高人體抗菌能力，舒緩咽喉及口腔發炎症狀，預防心血管疾病。

注意事項

(1) 西瓜是天然的治肝炎良藥，有肝炎疾病的患者最適合吃西瓜。動脈硬化者也可多吃西瓜，西瓜中含有的亞麻油酸可預防、治療動脈硬化。但腎功能不全者不可吃西瓜，否則容易引發急性功能衰竭而死亡。

（2）西瓜可以利尿，如果口腔潰瘍者吃過多，會因為排出過多尿液，而加重陰液偏虛的症狀。陰虛則內熱益盛，會加重口腔潰瘍。

（3）西瓜屬於生冷之食材，吃過多容易傷及脾胃，還會引起咽喉炎等。有脾胃虛寒、消化不良、腹瀉症狀者都需少吃。

（4）如果一次食用過量，西瓜中含有的大量水分會沖淡胃液，引起消化不良，降低胃腸道的抵抗力。

（5）感冒初期吃西瓜相當於服用清內熱的藥物，會使感冒加重或延長治癒時間。但是，如果感冒已經出現了高熱、口渴、咽喉痛、尿黃赤等熱症時，正常用藥的同時，可吃些西瓜幫助痊癒。

（6）糖尿病患者吃過量西瓜則會導致血糖升高、尿糖增多，嚴重者還會出現酮酸中毒昏迷，所以糖尿病患者吃西瓜時切記要適量。

● 西瓜的營養成分（每百克的含量）

熱量（kcal）	粗蛋白（g）	粗脂肪（g）	碳水化合物（g）	維他命A效力（RE）
25	0.6	0.1	6	127

維他命E效力（α-TE）	維他命 B_1（mg）	維他命 B_2（mg）	菸鹼素（mg）	維他命C（mg）	膳食纖維（g）
0	0.02	0.01	0.2	8	0.3

※資料來源：行政院衛生署食品資訊網

香蕉

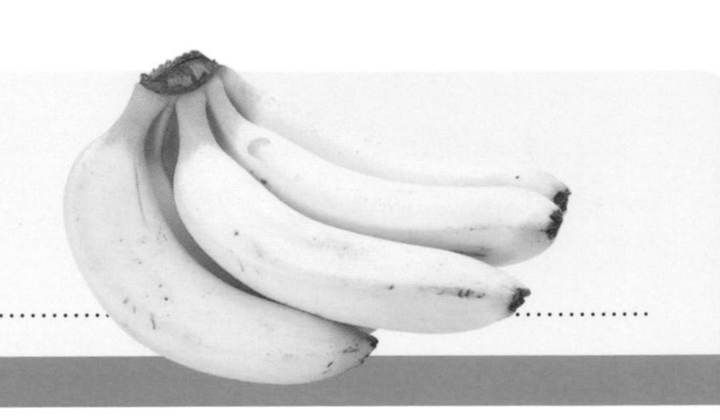

香蕉別名芎蕉、甘蕉、斤蕉等，屬芭蕉科，是熱帶水果。既可當做水果，又可止饑餓。加工製品很多，像是香蕉脆片、香蕉粉、香蕉泥、香蕉果醬、香蕉軟糖、香蕉汁等。

營養價值

香蕉性寒、味甘，可清熱解毒、潤腸通便、潤肺止咳、降血壓、滋補。具含有豐富的鉀，可促進鈉離子排出。多吃可降血壓，有效預防高血壓和心血管疾病。根據研究顯示，每天吃兩根香蕉可以有效降低血壓值。

香蕉中含豐富的果膠，是一種可溶性纖維，可幫助消化、調整腸胃機能。香蕉的糖分可轉化為葡萄醣，快速被人體吸收，可迅速獲得的能量來源。鉀離子可強化肌力及肌耐力。對失眠或情緒緊張也有療效。

注意事項

香蕉性偏寒，胃痛腹涼、脾胃虛寒的人應少吃。但是體質燥熱者可以食用。因為香蕉含鉀高，空腹或患有急慢性腎炎、腎功能不全及腹瀉者都不適合吃。

● 香蕉的營養成分（每百克的含量）

食物項目	熱量（kcal）	粗蛋白（g）	粗脂肪（g）	碳水化合物（g）	維他命A效力（RE）
芭蕉	357	1.3	0.2	97.6	0.7
香蕉	91	1.3	0.2	23.7	2.3

食物項目	維他命E效力（α-TE）	維他命B1（mg）	維他命B2（mg）	菸鹼素（mg）	維他命C（mg）	膳食纖維（g）
芭蕉	0	0.01	0.04	0.3	17	3.3
香蕉	0	0.03	0.02	0.4	10	1.6

※資料來源：行政院衛生署食品資訊網

草莓

草莓別名洋莓、紅莓等，屬薔薇科。外觀呈心形，顏色鮮豔粉紅，果肉多汁、酸甜可口、營養豐富，有「水果皇后」之美譽。德國人把草莓譽為「神奇之果」。

營養價值

草莓性涼、味甘酸，具有潤肺生津、健脾和胃、補血益氣、涼血解毒功效。其含有果糖、花青素、鞣酸、蔗糖、檸檬酸、蘋果酸、水楊酸、胺基酸、維他命C等營養素，以及鈣、磷等礦物質。多吃草莓可以預防壞血病、動脈硬化、冠心病。

女性常吃草莓，對頭髮、皮膚都有保養作用。草莓中所含的胡蘿蔔素是合成維他命A的重要物質，具有明目養肝的功效。還含有果膠和豐富的膳食纖維，可幫助消化。

注意事項

(1) 草莓要選擇色澤鮮亮、有光澤、顆粒大、香味濃郁者為佳。食用前必須清洗乾淨。

(2) 草莓中含有較多的草酸鈣，尿道結石病人儘量不要食用。

● 草莓的營養成分（每百克的含量）

熱量 (kcal)	粗蛋白 (g)	粗脂肪 (g)	碳水化合物 (g)	維他命A效力 (RE)
39	1.1	0.2	9.2	3.3

維他命E效力 (α-TE)	維他命B_1 (mg)	維他命B_2 (mg)	菸鹼素 (mg)	維他命C (mg)	膳食纖維 (g)
0	0.01	0.06	1.5	66	1.8

※資料來源：行政院衛生署食品資訊網

芒果

水果類

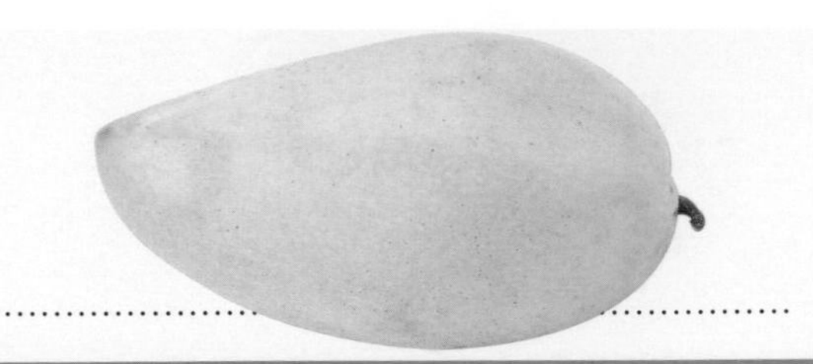

芒果別名檬果、樣仔等，是著名的熱帶水果之一。品種繁多而形狀各異，圓的、橢圓的、心形的、腎形的、細長的等。果肉呈現黃、綠、橙等色。味道酸、甜、淡甜、酸甜。素有「熱帶果王」之美譽。

營養價值

芒果含有醣類、蛋白質、纖維質及維他命A、B_1、B_2、C等營養素。具有益胃、解渴、利尿的功效。成熟的芒果在醫藥上可作利尿劑，種子則可作殺蟲劑和收斂劑。

芒果多汁、鮮美可口，能生津止渴、益眼潤膚，還能排毒、解毒。

注意事項

(1) 吃飽飯後不要立刻食用。也不要和大蒜等辛辣物質一起吃。

(2) 芒果的葉和汁會讓過敏體質的人罹患皮膚炎。

(3) 芒果帶有濕毒，患有皮膚病或腫瘤者，儘量避免食用。

(4) 虛寒咳嗽者應該避免食用。

● 芒果的營養成分（每百克的含量）

食物項目	熱量 (kcal)	粗蛋白 (g)	粗脂肪 (g)	碳水化合物 (g)	維他命A效力 (RE)
土芒果	55	0.6	0.5	13.6	57.1
金煌芒果	59	1.1	0.4	14.4	88.3
愛文芒果	40	0.2	0.3	10.2	355

食物項目	維他命E效力 (α-TE)	維他命B_1 (mg)	維他命B_2 (mg)	菸鹼素 (mg)	維他命C (mg)	膳食纖維 (g)
土芒果	0	0.04	0.05	0.7	26	0.8
金煌芒果	0	0.02	0.04	0.4	12	1.1
愛文芒果	0	0.02	0.04	0.6	21	0.8

※資料來源：行政院衛生署食品資訊網

水梨

水果類

水梨別名山檎。果肉鮮脆多汁、酸甜可口。可以用來加工做成梨膏、梨汁、梨罐頭等，也可用來釀酒、釀醋。

水梨的纖維含量豐富，在水果中名列前茅。主要功用有降低血壓，預防心臟病、肝炎和肝硬化等。

營養價值

水梨富含蛋白質、脂肪、碳水化合物及多種維他命。水梨性寒、味甘，具有潤肺、清心、止咳、消痰、利尿、潤便，解肺熱、解酒毒、消胸悶等功效。可治療肺結核、氣管炎和上呼吸道感染的患者的咽喉乾燥、痛癢、聲音沙啞等症狀。

注意事項

肝炎、肝硬化患者可以多吃。但是脾胃虛寒者不要吃生梨，可以把梨切塊後煮熟、蒸熟後食用。梨性寒涼，一次不要吃太多，也不要與鵝肉、螃蟹等油膩的肉類一起吃。

● 水梨的營養成分（每百克的含量）

食物項目	熱量（kcal）	粗蛋白（g）	粗脂肪（g）	碳水化合物（g）	維他命A效力（RE）
水梨	40	0.4	0.3	10.1	0
粗梨	50	0.4	0.1	13.2	0

食物項目	維他命E效力（α-TE）	維他命B_1（mg）	維他命B_2（mg）	菸鹼素（mg）	維他命C（mg）	膳食纖維（g）
水梨	0	0.01	0.01	0.3	5	1.6
粗梨	0	0.02	0.1	0.3	3	1.8

※資料來源：行政院衛生署食品資訊網

牛肉

魚肉奶蛋

牛肉是我國第二大肉類食品，需求量僅次於豬肉。新鮮的黃牛肉呈現棕色或是暗紅色，切面具有光澤。牛肉的結締組織為白色，脂肪呈現黃色，肌肉之間沒有脂肪雜質。加工可以製成牛肉乾、牛肉粉等。因牛肉中的蛋白質含量較高，脂肪含量低，味道鮮美，所以相當受國人喜愛。

營養價值

牛肉中的蛋白質其胺基酸相當豐富，屬於完全性的蛋白質。其營養素中的維他命含量高，並含有人體必需胺基酸。牛肉性溫、味甘，能益氣、健脾養胃、強骨壯筋、補虛損、除濕氣、消水腫。冬天吃牛肉可以暖胃，所以牛肉是冬天的最佳補品。

牛肉為高蛋白、低脂肪的食物，胺基酸的組成比豬肉更接近於人體需要，含有多量的賴胺酸，有益於蛋白質的生物利用率高。

多吃牛肉有益於生長發育中的孩子，或是手術後，或是病後調養的病人，可補充其失血，並修復其細胞組織。牛肉的營養很容易被兒童、老年人、孕婦消化吸收，用以補充體力。

注意事項

（1）身體虛弱或是智力衰退者，最

適合吃牛肉。

(2) 適合肥胖者及高血壓、冠心病、血管硬化、糖尿病患者食用。

(3) 中醫認為患有瘡毒、濕疹、搔癢等皮膚症者不可食用。

(4) 患有肝炎、腎炎者應該謹慎食用，以免讓病情加重或是復發。

(5) 牛肉不易煮爛，烹煮時放入山楂、橘皮或茶葉，可以讓肉質易軟爛。清燉牛肉較易保存完整的營養。

(6) 牛肉的纖維較為粗糙、不易消化，所以老人、幼兒及消化力衰弱的人不可多吃。只可適量吃一些軟嫩的牛肉。

牛肉的營養成分（每百克的含量）

食物項目	熱量 (kcal)	粗蛋白 (g)	粗脂肪 (g)	碳水化合物 (g)	維他命A效力 (RE)
牛小排	390	11.7	37.7	0	43.6
牛腱	123	20.4	4	0	3.9
牛腩	331	14.8	29.7	0	32.2
牛肚	109	20.4	2.4	0	3

食物項目	維他命E效力 (α-TE)	維他命B_1 (mg)	維他命B_2 (mg)	菸鹼素 (mg)	維他命C (mg)	膽固醇 (mg)
牛小排	0.17	0.09	0.16	2.2	5	67
牛腱	0.35	0.06	0.21	2.97	0	66
牛腩	0.37	0.05	0.13	2.83	0	65
牛肚	0.39	0.02	0.11	0.9	0.6	134

※資料來源：行政院衛生署食品資訊網

豬肉

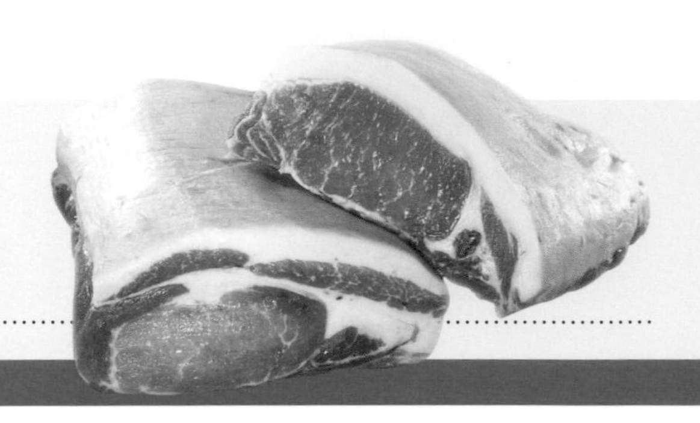

豬肉是台灣主要的肉食品。新鮮的豬肉肉質緊密、富有彈性、皮薄，其脂肪肥嫩、雪白而具有光澤、瘦肉部分呈現淡紅色、不會發黏。

營養價值

豬肉中除了蛋白質、脂肪之外，還含有碳水化合物、鈣、磷、鐵、維他命B_1、維他命B_2和維他命B_3等。肥肉和瘦肉的營養成分差別大。肥肉中脂肪含量高，蛋白質含量低，多吃容易導致高血脂和肥胖等疾病。而蛋白質和鐵質多存在於瘦肉中。

豬肉的纖維組織柔軟，含有大量的肌間脂肪，比較容易消化、吸收。瘦肉可滋陰潤燥、消渴，對於燥咳、便秘等都有緩解效果。豬肉中的蛋白質大部分集中在瘦肉中，而且還含有血紅蛋白，可以補充鐵質、預防貧血。

注意事項

(1) 成年人每天食用80～100公克，就可滿足一天的需要，兒童每天食用50公克即可。吃太多或是過於生冷，容易引起胃腸飽脹或腹脹、腹瀉。

(2) 高血壓、腸胃虛寒、肥胖、體虛、痰濕盛者，應慎食或少食肥肉及豬油。

(3) 豬肉經長時間燉煮後，脂肪會減少30～50%，不飽和脂肪酸增加，而膽固醇含量會大為降低。

● 豬肉的營養成分（每百克的含量）

食物項目	熱量 (kcal)	粗蛋白 (g)	粗脂肪 (g)	碳水化合物 (g)	維他命A效力 (RE)
大里肌(豬)	187	22.2	10.2	0	4
大排(豬)	214	19.1	14.7	0	9
小排(豬)	249	18.1	19	0.3	20
五花肉(豬)	393	14.5	36.7	0	33
梅花肉(豬)	341	15.2	30.6	0.1	3
豬前腿肉	124	20	4.3	0	3.5
豬蹄膀	331	17.1	28.6	0	24
豬腳	223	21.7	14.4	0	15
豬肝	119	21.7	2.9	2	11496

食物項目	維他命E效力 (α-TE)	維他命B_1 (mg)	維他命B_2 (mg)	菸鹼素 (mg)	維他命C (mg)	膽固醇 (mg)
大里肌(豬)	0.17	0.94	0.16	6.1	0.6	52
大排(豬)	0.21	0.68	0.2	4.5	0.6	32
小排(豬)	0.18	0.59	0.18	3.8	0.6	73
五花肉(豬)	0.25	0.56	0.13	3.5	0.8	66
梅花肉(豬)	0.18	0.65	0.19	4.1	0.9	74
豬前腿肉	0.26	1.17	0.26	2.67	0.8	61
豬蹄膀	0.03	0.35	0.15	3.1	0.8	94
豬腳	0.1	0.16	0.15	2.7	1	127
豬肝	0.16	0.32	4.28	12.6	22	260

※資料來源：行政院衛生署食品資訊網

羊肉

羊肉在古時被稱為羖肉、羝肉、羯肉。屬於溫補食材，新鮮羊肉的肉色鮮紅、具有光澤、肉質細緻有彈性、外表略乾、不會黏手、氣味新鮮而無異味。老羊肉的肉色較深紅，肉質略粗、不易煮熟。小羊肉的肉色淺紅，肉質細致且富有彈性。

營養價值

羊肉的肉質鮮嫩，性溫、味甘，含有豐富的脂肪、蛋白質、碳水化合物、無機鹽和鈣、磷、鐵等。多吃羊肉可以抵禦風寒、補元氣、補精血、療肺虛。對一般的風寒咳嗽、慢性氣管炎、虛寒哮喘、腹部寒冷、體虛、腰膝痠軟、面黃肌瘦、氣血虛虧、病後或產後虛弱等，都具有療效。

羊肉能益腎壯陽、補虛抗寒、強健身體，是冬令進補的滋養珍品。除羊肉外，羊肝可以補肝明目，羊腎可以補腎、治陽痿，都有特殊的食療功效。

● 羊肉的營養成分（每百克的含量）

熱量（kcal）	粗蛋白（g）	粗脂肪（g）	碳水化合物（g）	維他命A效力（RE）
198	18.8	13	0	14

維他命E效力（α-TE）	維他命B_1（mg）	維他命B_2（mg）	菸鹼素（mg）	維他命C（mg）	膽固醇（mg）
0.04	0.09	0.27	3.1	0	24

※資料來源：行政院衛生署食品資訊網

鴨肉

鴨肉中的蛋白質主要是肌漿蛋白和肌凝蛋白，還含有膠原蛋白和彈性蛋白，此外還有少量的明膠。口感有彈性、滋味鮮美。

營養價值

鴨肉的營養價值很高，可食部分蛋白質含量約為15～25%，比畜肉高。脂肪含量比雞肉高，比豬肉低，而且易於消化。

鴨肉性涼、味甘。可滋陰、補虛、養胃、利水。含有多種營養素，有益於心肌梗塞之患者。鴨肉中含有維他命B_2、維他命B_1等，可對抗腳氣病、神經炎和多種炎症。在兒童的生長期、婦女妊娠期及哺乳期可以多吃鴨肉。含有抗氧化劑維他命E，可抗衰老。

注意事項

(1)營養不良、水腫、產後、病後體虛，或是癌症化療後，都適合多食。

(2)糖尿病、肝硬化腹水、肺結核、慢性腎炎浮腫的患者都需食用。

(3)食量少、大便乾燥、盜汗、遺精、月經少、易口渴者，可多吃。

● 鴨肉的營養成分（每百克的含量）

食物項目	熱量(kcal)	粗蛋白(g)	粗脂肪(g)	碳水化合物(g)	維他命A效力(RE)
鴨肉	111	20.9	2.4	0	13
鴨血	23	4.3	0.5	2.9	10.2

食物項目	維他命E效力(α-TE)	維他命B_1(mg)	維他命B_2(mg)	菸鹼素(mg)	維他命C(mg)	膽固醇(mg)
鴨肉	0.26	0.36	0.52	3	0.9	93
鴨血	0.02	0	0	0	0.9	38

※資料來源：行政院衛生署食品資訊網

雞肉

魚肉奶蛋

雞肉的肉質細嫩、滋味鮮美，適合多種烹調方法。新鮮雞肉具有光澤，因品種不同而有淡黃、粉紅、灰白等。不但適於熱炒、燉湯，而且也可冷食或涼拌，是家常肉食之一。

另外，雞的部位不同營養重點略有不同，雞胸肉含脂肪低，肉質較澀而無味；雞腿肉含脂肪量比雞胸肉多，吃起來較爽口；雞翅含脂肪量、蛋白質比雞腿更多，適合煮湯、炸食；雞爪適合製作滷味當零食，也可燉食進補；雞肝含豐富的維他命A、維他命B_1、維他命B_2、維他命C及鐵、磷、鈣等礦物質。

營養價值

雞肉性溫、味甘，不但可溫中益氣、補精添髓、強筋健骨、活血調經，對於虛勞、消瘦、水腫、病後虛弱、久病體虛、健康調理、產婦補養等，都可明顯改善。

雞肉，高蛋白低脂肪，適合肥胖、心血管疾病、消化系統疾病及病後調養者食用，其消化率高，容易被人體吸收利用，可增強體力，讓身體強壯、健康。

雞肉中含有對生長發育很重要的卵磷脂，能改善營養不良、畏寒怕冷、乏力疲勞、月經不調、貧血、虛弱等。雞皮可以美容除皺，但是熱量高。尤其是雞腿皮的熱量高於雞胸皮，應該視個人體質適量食用。

注意事項

(1) 雞肉是中、老年人、心血管疾病患者、病中或病後虛弱者的理想食品。

(2) 雞心風味鮮美，但膽固醇含量較高於豬心、牛心等，不適合肥胖、高血脂症、心血管疾病及血壓高的人食用。

(3) 雞湯相當營養，但是會刺激胃

酸分泌。患有胃潰瘍、胃酸過多或胃出血的病人，都不能多喝。

（4）患有膽囊炎和膽石症者，不宜多喝雞湯，因雞湯內脂肪的消化需要膽汁，喝雞湯會刺激膽囊收縮，容易引起膽囊炎發作。

● 雞肉的營養成分（每百克的含量）

食物項目	熱量（kcal）	粗蛋白（g）	粗脂肪（g）	碳水化合物（g）	維他命A效力（RE）
烏骨雞	106	19.3	2.6	2.4	11.1
全雞(生)	248	16.1	19.9	0	90.9
雞胸肉(土雞)	121	23.8	2.1	0	7

食物項目	維他命E效力（α-TE）	維他命B_1（mg）	維他命B_2（mg）	菸鹼素（mg）	維他命C（mg）	膽固醇（mg）
烏骨雞	0.37	0.19	0.2	4.51	1.9	83
全雞(生)	0.26	0.12	0.11	4.59	14.6	74
雞胸肉(土雞)	0.09	0.08	0.08	9.9	1.6	59

※資料來源：行政院衛生署食品資訊網

螃蟹

螃蟹風味鮮美而營養豐富而滋補。以淡水蟹最適合食用。

營養價值

螃蟹含有豐富的蛋白質、微量元素。對結核病大有助益。可清熱解毒、養筋活血、通經絡、滋肝陰、充胃液。對於瘀血、損傷、黃疸、腰腿痠痛和風濕性關節炎，具有食療效果。

注意事項

（1）螃蟹是食腐動物，性寒、味鹹。食用時可蘸薑末醋汁來祛寒、殺菌。

（2）螃蟹的鰓、沙包、內臟中含有大量細菌和毒素，一定要去除。也不能食用死蟹。

（3）醉蟹、醃蟹及未熟透的蟹都不適合食用，最好蒸熟後再吃；放太久的熟蟹也不宜食用。

（4）蟹肉性寒，不可吃多。尤其是體質容易過敏、脾胃虛寒者，都要儘量避免食用。

（5）蟹不宜與茶水、柿子同食。蟹肉寒涼，有活血祛瘀之功效，但是對孕婦不利。患有傷風、胃痛、腹瀉、冠心病、高血壓、動脈硬化、高血脂者都不宜吃蟹。

● 紅蟳的營養成分（每百克的含量）

熱量（kcal）	粗蛋白（g）	粗脂肪（g）	碳水化合物（g）	維他命A效力（RE）
142	20.9	3.6	6.5	13

維他命E效力（α-TE）	維他命B_1（mg）	維他命B_2（mg）	菸鹼素（mg）	維他命C（mg）	膽固醇（g）
4.31	0.01	0.94	4.1	0	296

※資料來源：行政院衛生署食品資訊網

魚肉奶蛋

草魚

草魚又叫草鯇、白鯇等，屬於鯉科，是常見的淡水魚，屬於鯉科的草食性魚類，吃浮游生物和嫩草。體型較長，略呈圓筒形，腹部無鱗片。頭部、尾部扁平。口呈弧形，無鬚。背鰭和腹鰭相對，均無硬刺。體表呈茶黃色，背部略帶草綠，鰭為微黃色。

草魚的生長速度相當快，最大可到達35公斤，最長可達150公分，是台灣相當重要養殖魚類。

草魚肉質細嫩、刺少，營養豐富而深受人們喜愛。用來煮粥、油煎、清蒸、紅燒等都很適合。

營養價值

草魚含有豐富的蛋白質、脂肪，還含有核酸、鋅等。草魚性溫、味甘，可暖胃。草魚膽味苦、性寒，具有毒性。有袪痰及輕度鎮咳的作用。草魚還含有大量的核酸與鋅，可增強體質、延緩衰老。

注意事項

(1) 虛熱或熱症初痊癒、痢疾、腹脹者，皆不宜食用。

(2) 魚膽有毒，不可食用。

草魚的營養成分（每百克的含量）

熱量 (kcal)	粗蛋白 (g)	粗脂肪 (g)	碳水化合物 (g)	維他命A效力 (RE)
113	16.6	5.2	0.1	23

維他命E效力 (α-TE)	維他命B_1 (mg)	維他命B_2 (mg)	菸鹼素 (mg)	維他命C (mg)	膽固醇 (g)
0.26	0.04	0.11	2.8	0.5	86

蝦

蝦又名開陽。主要分為淡水蝦和海水蝦。常見的草蝦、青蝦、河蝦、小龍蝦等，都屬於淡水蝦。而明蝦、對蝦、琵琶蝦、龍蝦等，為海水蝦。

蝦殼堅硬而且頭部完整，身體彎曲，通常比較大的蝦味道會比較鮮美。蝦的肉質肥嫩，既可單獨烹調食用，也可與其他蔬菜一起煮食。蝦肉容易消化，老少皆宜。

蝦的營養成分

蝦是營養均衡的蛋白質來源，含有豐富的鉀、碘、鎂、磷等微量元素和維他命A等成分。約含有20%的蛋白質，是蛋白質含量很高的食品之一。

蝦的脂肪含量相對很少，幾乎不含作為能量來源的動物性糖質。蝦的膽固醇含量較高，但同時富含能降低人體血清膽固醇的牛磺酸。蝦皮的鈣含量較高。

營養價值

鮮蝦中含有鎂，可調節心臟機能活動，保護心血管系統。並可以降低血液中的膽固醇含量、預防動脈硬化，還能擴張冠狀動脈，有利於預防高血壓及心肌梗塞等。

蝦肉中含的牛磺酸能夠降低人體血壓值和膽固醇，並可預防代謝方面的疾病。

海蝦屬於寒涼的陰性食品，食用時最好是加入薑、醋等調味料共食。醋可以殺菌，薑性溫熱，和海蝦一起吃可以中和寒熱，預防身體不適。

蝦含有豐富的微量元素鋅，可以改善人因缺鋅所引起的味覺障礙、生長障礙、皮膚不適以及精子畸形等病症。蝦富含磷、鈣，也具有通乳的功用，哺乳孕婦可多食用，以刺激乳汁分泌。

注意事項

(1) 兒童、孕婦、中年人、老年人、心血管病患者都很適合食用。

(2) 對海鮮過敏、患有過敏性疾病的人應慎食。

(3) 鮮蝦的顏色越鮮豔、透明，代表越新鮮。放置一段時間後，鮮蝦會逐漸褪色，而且還會慢慢變成白色。蝦背上的蝦線是蝦沒有排出的廢物，應該挑除。

(4) 蝦含有豐富的蛋白質和鈣等，不要和葡萄、石榴、山楂、柿子等水果同食，這樣會降低蛋白質的營養價值。而水果中的鞣酸和鈣會結合形成鞣酸鈣，刺激腸胃不適，出現嘔吐、頭暈、噁心和腹痛、腹瀉等症狀。

(5) 食用海蝦時，不可飲用大量啤酒，否則會產生過多的尿酸，進而引發痛風。吃海蝦可以配上白葡萄酒，其酒中的果酸具有殺菌和去腥的作用。

● 鮮蝦的營養成分（每百克的含量）

食物項目	熱量 (kcal)	粗蛋白 (g)	粗脂肪 (g)	碳水化合物 (g)	維他命A效力 (RE)
草蝦	98	22	0.7	1	0
明蝦	83	19.3	0.2	1	0

食物項目	維他命E效力 (α-TE)	維他命B1 (mg)	維他命B2 (mg)	菸鹼素 (mg)	維他命C (mg)	膽固醇 (mg)
草蝦	0.78	0.1	0.1	4.6	2.8	157
明蝦	1.2	0.06	0.05	1.8	2.2	156

※資料來源：行政院衛生署食品資訊網

白帶魚

白帶魚別名白魚、刀魚、瘦帶、油帶等。體形特殊，身扁如帶。呈現銀灰色，背鰭及胸鰭都為淺灰色，帶著細小的斑點。白帶魚的尾巴為黑色，頭尖口大，頭到尾逐漸變細長，類似長鞭。魚肉鮮嫩肥美，只有中間一條大骨，無其他細刺，食用方便，深受人們喜愛。

營養價值

含有豐富的蛋白質、少量脂肪和磷、鐵、鎂、銅、碘、氟、鈷等礦物質，及維他命A、維他命D等。同時還有胡蘿蔔素等營養成分。

白帶魚性溫、味甘，可益氣補虛、開胃，並能潤澤肌膚。適合於虛勞、過瘦、食量少、腰膝痠軟等病患食用。對病後體虛、產後乳汁不足和外傷出血等，具有補益作用。

注意事項

(1) 對白帶魚過敏者不宜食用。服用異煙肼藥物時也不宜食用。

(2) 患有瘡、疥的人少食為宜。

(3) 白帶魚與蕎麥麵同時食用則不容易消化。

(4) 肥胖者不可多吃，因為過於滋補，會讓體重增加。

● 白帶魚的營養成分（每百克的含量）

熱量 (kcal)	粗蛋白 (g)	粗脂肪 (g)	碳水化合物 (g)	維他命A效力 (RE)
102	19.6	2	0	23

維他命E效力 (α-TE)	維他命B1 (mg)	維他命B2 (mg)	菸鹼素 (mg)	維他命C (mg)	膽固醇 (mg)
0.26	0.02	0.07	2.5	0.5	69

※資料來源：行政院衛生署食品資訊網

黃花魚

黃花魚別名黃魚、石首魚、花魚等。可分為大黃花魚和小黃花魚。大黃花魚通體黃色，與小黃花魚的主要區別是：魚鱗較小，背鰭與側線有鱗8～9行，脊椎骨一般為26個。大黃花魚是群聚性的近海魚類。小黃花魚通體黃色，為底層結群性的洄游魚類。

黃魚的魚肉細嫩，不論紅燒、煎炸、糖醋等，味道都相當鮮美。

營養價值

黃花魚主要含蛋白質、脂肪、維他命、礦物質等營養成分。性平、味甘，具有補脾益胃、調中止痢、利水、開胃的作用。適用於久病體虛、面黃肌瘦、腹脹水腫、小便不利及惡瘡患者食用。黃花魚營養豐富，有補腎健腦的作用。

注意事項

（1）未燒煮熟透的或燒焦的黃花魚都不可食用。

（2）黃花魚與蕎麥麵不要同時食用，較不容易消化。

黃花魚的營養成分（每百克的含量）

熱量（kcal）	粗蛋白（g）	粗脂肪（g）	碳水化合物（g）	維他命A效力（RE）
99	17.9	3	0.1	23

維他命E效力（α-TE）	維他命B_1（mg）	維他命B_2（mg）	菸鹼素（mg）	維他命C（mg）	膽固醇（mg）
0.26	0.04	0.04	2.3	0.5	74

海帶

海帶又名昆布、海草、海馬草。呈葉狀體，沒有根、莖、葉的區別。細胞的葉綠素可進行光合作用，可涼拌、煮湯、紅燒、炒食等。

營養價值

海帶中含有水分、蛋白質、膳食纖維、脂肪、碳水化合物、鈣、磷、鐵、維他命B_1、維他命B_2、維他命C等；還有藻類膠酸、昆布素、甘露醇、半乳聚糖、海帶聚糖、谷胺酸、胡蘿蔔素及碘等。

涼拌或煮食可治療高血壓、冠心病。和豬肉一起煮，可緩解甲狀腺腫大、肺結核咳嗽。加粳米、綠豆一起煮，可舒緩皮膚搔癢。海帶中豐富的碘，可改善長期缺碘引起的甲狀腺功能不足，褐藻酸鈉鹽，可預防白血病，對於動脈出血具止血作用，還能減少放射性物質被腸道吸收。

注意事項

海帶含砷，攝取過量易慢性中毒，食用前必須用水漂洗，讓砷先溶出。海帶性寒，陰虛寒者不宜食用。

● 海帶的營養成分（每百克的含量）

食物項目	熱量 (kcal)	粗蛋白 (g)	粗脂肪 (g)	碳水化合物 (g)	維生素A效力 (RE)
海帶	16	0.7	0.2	3.3	37.5
乾海帶（乾昆布）	224	9.8	0.8	49.2	0
紫菜	229	27.1	0	40.5	42.3

食物項目	維生素E效力 (α-TE)	維生素B_1 (mg)	維生素B_2 (mg)	菸鹼素 (mg)	鈉 (mg)	膽固醇 (mg)
海帶	0	0	0	0.4	606	0
乾海帶（乾昆布）	0.17	0.14	0.73	3.9	3078	0
紫菜	3.66	0.42	0.4	3.2	2132	0

※資料來源：行政院衛生署食品資訊網

牛奶

牛奶是常見的蛋白質補充品。一般人都可飲用。但也有部分特殊體質或是病症患者，如：缺鐵性貧血患者、腹部手術後的患者、消化道潰瘍患者，及膽囊炎和胰腺炎患者等，不適合飲用牛奶。

營養價值

牛奶性平、味甘，具有益肺胃、生津潤膚的作用。適於體虛弱、食量少、打嗝反胃、糖尿病、便秘、皮膚乾燥者食用。有滋養安神的作用，能幫助睡眠。

注意事項

（1）橘子和牛奶不要同食，因為牛奶中的蛋白質遇到果酸會凝固，影響蛋白質的消化、吸收。

（2）牛奶食用過多，乳糖酶就會不足。剩下來不及消化分解的乳糖就會在大腸內發酵，引起腹脹、腹瀉、腹痛等症狀。

（3）空腹時飲用牛奶，會加速胃的蠕動，牛奶的營養物質來不及消化吸收就被排至大腸。在大腸中腐敗而危害健康。所以儘量不要在空腹時飲用牛奶。

● 牛奶的營養成分（每百克的含量）

食物項目	熱量（kcal）	粗蛋白（g）	粗脂肪（g）	碳水化合物（g）	維他命A效力（RE）
鮮乳（全脂）	62	3.2	3.6	4.4	45
鮮乳（低脂）	46	3.2	1.7	4.4	19

食物項目	維他命E效力（α-TE）	維他命B_1（mg）	維他命B_2（mg）	菸鹼素（mg）	維他命C（mg）	膽固醇（mg）
鮮乳（全脂）	0.05	0.04	0.17	0.2	0	12
鮮乳（低脂）	0.02	0.04	0.17	0.1	0	10

※資料來源：行政院衛生署食品資訊網

雞蛋

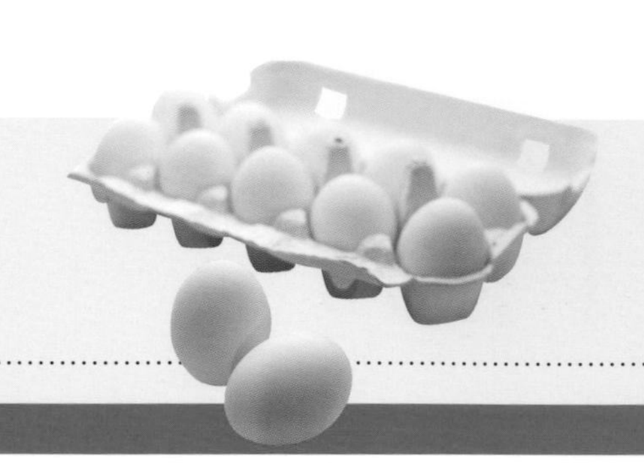

雞蛋的烹飪方式相當多，容易烹調，幾乎是家家戶戶必備，被認為是營養豐富的食品。

雞蛋含有優良蛋白質，人們稱為「理想的營養庫」。

營養價值

雞蛋中含有蛋白質、脂肪、卵黃素、卵磷脂、維他命和鐵、鈣、鉀等，以及人體所需要的礦物質。雞蛋的蛋白質和胺基酸比例適合人體吸收，利用率高達98%以上。

雞蛋中有豐富的DHA和卵磷脂等，可幫助身體發育，也能健腦益智，避免老年人智力衰退。雞蛋的蛋白質可修復肝臟組織損傷，蛋黃中的卵磷脂可促進肝細胞再生。

注意事項

（1）雞蛋是嬰幼兒、孕婦、產婦、病人最理想的食品。

（2）患有腎臟病者要小心食用量。

（3）雞蛋中含有大量膽固醇，吃太多易引起動脈粥狀硬化和心血管疾病，也會造成營養過剩、導致肥胖。

● 雞蛋的營養成分（每百克的含量）

食物項目	熱量（kcal）	粗蛋白（g）	粗脂肪（g）	碳水化合物（g）	維他命A效力（RE）
雞蛋	142	12.1	9.9	0.3	204

食物項目	維他命E效力（α-TE）	維他命B_1（mg）	維他命B_2（mg）	菸鹼素（mg）	維他命C（mg）	膽固醇（mg）
雞蛋	0.52	0.07	0.42	1.4	0	433

※資料來源：行政院衛生署食品資訊網

優酪乳

魚肉 奶蛋

牛奶中加入乳酸菌和糖，會發酵產生乳酸，製成優酪乳。優酪乳中不但保留了牛奶原有的營養成分，而且更容易被人體吸收。

營養價值

優酪乳營養比牛奶更豐富。經過乳酸菌發酵後，乳糖約有20～30%會分解為葡萄糖和半乳糖，再轉化為乳酸及其他產物。

長期飲用可以提高人體對鈣、磷、鐵的吸收利用率。預防嬰兒佝僂病、老年人骨質疏鬆症等。

優酪乳中的半乳醣容易被人體吸收，再轉化成胺基酸和脂肪酸，提高乳蛋白和乳脂的利用率。可緩解腹痛、腹脹、腹瀉等胃腸不適症狀；還能抑制腸道中腐敗菌的繁殖和生長，具有降低膽固醇、改善便秘、增強免疫力的功效。

注意事項

(1) 孕婦、兒童等可補充營養。肥胖者可控制體重。

(2) 酸性環境下不易被病原微生物侵入，所以不用加熱就可以飲用。

(3) 服用磺胺類藥物及碳酸氫鈉時不可飲用，會降低藥效。

● 優酪乳的營養成分（每百克的含量）

熱量 (kcal)	粗蛋白 (g)	粗脂肪 (g)	碳水化合物 (g)	維他命A效力 (RE)
74	2.8	1.3	13	4

維他命E效力 (α-TE)	維他命B_1 (mg)	維他命B_2 (mg)	菸鹼素 (mg)	維他命C (mg)	膽固醇 (g)
0.01	0.03	0.29	1.1	0	5

※資料來源：行政院衛生署食品資訊網

花生

花生又名落花生、長生果，為豆科植物。是優質食用油的主要用料之一。花生的果實為莢果，通常分為大、中、小三種，形狀似蠶繭形、串珠形和曲棍形。

果殼的顏色多為黃白色，也有黃褐色、褐色或黃色等，這和花生的品種及土質有關。種皮的顏色為淡褐色或淺紅色。種皮內有兩片子葉，呈乳白色或象牙色。

營養價值

花生富含脂肪和蛋白質，營養價值得高。花生中含有大量的蛋白質和脂肪，也有維他命A、維他命B群、維他命D、維他命E、鈣和鐵等。其不飽和脂肪酸含量很高。種子富含油脂，可用來榨出花生油。

花生中的維他命K對多種出血性疾病都有良好的止血功效。有助於防治各種外傷出血、肝病出血、血友病等。其中的維他命E和鋅能增強記憶、抗老化、延緩腦功能衰退、滋潤皮膚。

花生含有的維他命C，可降低膽固醇、預防動脈硬化、高血壓和冠心病。花生中的微量元素硒和另一種生物活性物質白藜蘆醇備註1可預防腫瘤疾病，預防和治療動脈粥狀硬化、心血管疾病等。

花生的礦物質含量很多，特別是含有人體必需的胺基酸，可以促進腦細胞發育，增強記憶。還具有扶正補虛、悅脾和胃、潤肺化痰、滋養調氣、利水消腫、止血生乳的作用。

白藜蘆醇：葡萄酒中的一種植物抗毒素（phytoalexin），花生、葡萄、百合等，都含有大量的白藜蘆醇。當植物受到環境壓力、真菌和細菌感染時，就會產生這樣的抗毒素來對抗外界的侵襲，也就是天然的植物性抗生素。

注意事項

(1) 病後身體虛弱，或是術後處於恢復期的病人、孕期以及產後產婦等，都可吃花生滋補。

(2) 花生連紅皮，加入紅棗一起食用，可補虛、止血，最適合身體虛弱的出血病人多吃。

(3) 花生炒熟或油炸後，性質熱燥，不可多食，以燉煮烹調最好。

(4) 花生含油脂豐富，消化時需要消耗膽汁，所以膽有疾病的患者不可食用。

(5) 花生會增進血凝，促進血栓形成，有血液黏度過高、血栓者忌食。

● 花生的營養成分（每百克的含量）

食物項目	熱量（kcal）	粗蛋白（g）	粗脂肪（g）	碳水化合物（g）	維他命A效力（RE）
花生	553	28.6	43.2	22.6	0.7
花生（生）	492	31.3	35.6	20.9	0
紅土花生	579	33	47.5	16.5	0

食物項目	維他命E效力（α-TE）	維他命B_1（mg）	維他命B_2（mg）	菸鹼素（mg）	維他命C（mg）	膳食纖維（g）
花生	2.57	0.55	0.08	5.02	0	7
花生（生）	0	1.52	0.1	6.8	1	17
紅土花生	0	0.09	0.04	8.5	0.1	1.1

※資料來源：行政院衛生署食品資訊網

核桃

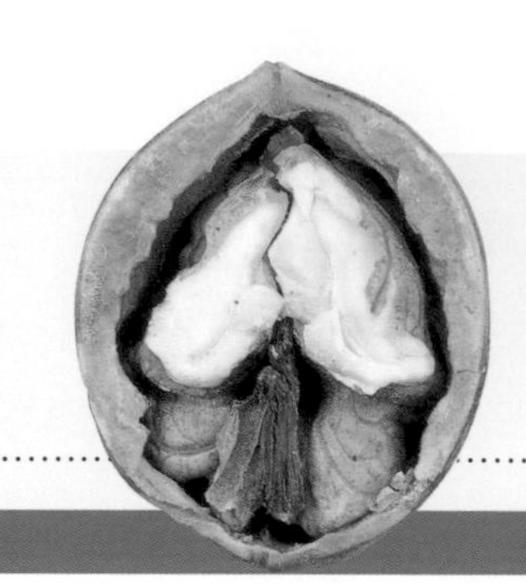

核桃又叫羌桃、胡桃，果肉油潤香美，可生食、炒食，也可用來榨油。

營養價值

核桃中含有鈣、磷、鉀、鈉等多種營養元素。性溫、味甘。可補腎、固精強腰、溫肺定喘、潤腸通便；或是治療腎虛喘咳、腰痛腳軟、陽痿遺精、小便頻繁、大便燥結等。

核桃能活血調經、祛瘀生新，還可潤腸、止咳。還防止動脈硬化，降低膽固醇。及治療非胰島素依賴型的糖尿病。對癌症患者具有鎮痛、增強白血球及保護肝臟等效用。

可治療慢性氣管炎和哮喘病，經常食用能強健體魄，又可抗衰老。

核桃仁含維他命E可潤澤肌膚、讓頭髮烏黑及活化腦細胞；疲勞時吃一些核桃可緩解疲勞、紓解壓力。

注意事項

(1) 神經衰弱、氣血不足、癌症患者都可多食用。

(2) 核桃可用於血滯經閉、血瘀腹痛、跌打瘀傷等病症的改善。

(3) 核桃不可與雞肉、酒同食。

(4) 將核桃仁與黑芝麻研碎混合食用，增加皮脂分泌、改善皮膚彈性。

核桃的營養成分（每百克的含量）

熱量 (kcal)	粗蛋白 (g)	粗脂肪 (g)	碳水化合物 (g)	維生素A效力 (RE)
685	15.3	71.6	8.2	5.6

維生素E效力 (α-TE)	維生素B_1 (mg)	維生素B_2 (mg)	菸鹼素 (mg)	維生素C (mg)	膳食纖維 (g)
2.25	0.47	0.11	0.85	1	5.5

※資料來源：行政院衛生署食品資訊網

開心果

乾果類

開心果又名無名子，香味濃郁，是一種十分常見的休閒乾果。外面有一層硬皮，此為果皮，裡面為種仁，種仁外有一層薄種皮。

營養價值

開心果的果仁含蛋白質約20%，含醣類15~18%，還含有胡蘿蔔素、維他命B_1、維他命B_2、維他命B_3、維他命C、維他命E以及礦物質等。

因為含有豐富的維他命E，可以抗衰老、改善體質及增強抵抗力。

開心果相當滋補，味甘，可溫腎暖脾、調中順氣、開心解鬱，用來協助治療神經衰弱、浮腫、貧血、營養不良、慢性瀉痢等症狀。

注意事項

(1) 綠色果仁比黃色果仁新鮮，存放太久後不宜再食用。一次大約食用50公克左右最為適當。

(2) 開心果的熱量相當高，含有較多的脂肪，怕胖或是血脂過高的人都應少吃。

開心果的營養成分（每百克的含量）

熱量（kcal）	粗蛋白（g）	粗脂肪（g）	碳水化合物（g）	維他命A效力（RE）
653	21	55.2	19.2	19.5

維他命E效力（α-TE）	維他命B_1（mg）	維他命B_2（mg）	菸鹼素（mg）	維他命C（mg）	膳食纖維（g）
2.13	0.56	0.13	1.61	0	7

※資料來源：行政院衛生署食品資訊網

葵花子

葵花子又名瓜子，是向日葵的子實。葵花子的果實為瘦果，瘦果內具有一顆種子，種子上有一層薄薄的種皮。果實的顏色有白色、淺灰色、黑色、褐色、紫色等，果皮有分寬條紋、窄條紋、無條紋等。

營養價值

葵花子中含有豐富的維他命E。性平、味甘，具有潤肺、平肝、消滯及驅蟲、治血痢和通氣透膿的功效。還能延緩衰老，保持青春，並可以增強抵抗力。

葵花子能提高大腦記憶功能，預防老年癡呆症，對於治療精神憂鬱、神經衰弱、失眠、改善視力等，都具有功效。可預防腫瘤、心血管疾病、皮膚炎。葵花子中含有的各種礦物質、維他命可參與人體代謝，提高骨骼、血管、神經、皮膚等組織的抗病能力。預防高血壓、心臟病、糖尿病及某些惡性腫瘤的發生率。

注意事項

每天吃一把葵花子，就足夠人體一天所需的維他命E。但不要食用放置過久而發霉、變質的瓜子。

葵花子的營養成分（每百克的含量）

熱量 (kcal)	粗蛋白 (g)	粗脂肪 (g)	碳水化合物 (g)	維他命A效力 (RE)
560	26.8	39.3	25.8	0

維他命E效力 (α-TE)	維他命B_1 (mg)	維他命B_2 (mg)	菸鹼素 (mg)	維他命C (mg)	膳食纖維 (g)
25.7	0.92	0.22	7.08	1.2	19.7

※資料來源：行政院衛生署食品資訊網

腰果

乾果類

腰果又名介壽果，堅果類的一種，是腰果樹的種子。果實呈腎形，果肉甘甜如蜜，脆嫩多汁而且清脆可口，果實成熟時香味四溢。是過年時常見的乾果零食。

營養價值

腰果中富含大量的蛋白質、澱粉、糖、鈣、鎂、鉀、鐵和維生素A、B_1、B_2、B_6等，也含有鐵、鋅等其他多種微量元素。腰果中的脂肪成分為不飽和脂肪酸，可以軟化血管，具有保護血管、防治心血管疾病的功用。

腰果中含有豐富的油脂，可以潤腸通便、潤膚美容、延緩衰老。經常食用腰果可以提高免疫力，還能增進性慾，增加體重。

注意事項

(1)腰果中油脂豐富，不適合腎功能不全者食用。

(2)腰果的熱量較高，多吃容易發胖，每次以10~15粒為宜。

腰果的營養成分(每百克的含量)

熱量(kcal)	粗蛋白(g)	粗脂肪(g)	碳水化合物(g)	維他命A效力(RE)
568	19.9	46	28	0.5

維他命E效力(α-TE)	維他命B_1(mg)	維他命B_2(mg)	菸鹼素(mg)	維他命C(mg)	膳食纖維(g)
0.57	0.71	0.13	1.25	0	3

※資料來源：行政院衛生署食品資訊網

C O P Y R I G H T

文經社

文經家庭文庫 C169

維他命是藥還是毒

國家圖書館出版品預行編目資料

維他命是藥還是毒 / 李潔, 石莎莎著.
第一版. 臺北市：文經社, 2009. 06
面 ； 公分 --（家庭文庫；C169）
ISBN 978-957-663-570-0（平裝）
1.維生素　2.營養　2.食療
399.6　　98007676

文經社網址http://www.cosmax.com.tw/
或「博客來網路書店」查尋文經社。

Printed in Taiwan

著 作 人：李潔、石莎莎
發 行 人：趙元美
社　　長：吳榮斌
企劃編輯：黃佳燕、羅煥耿
美術設計：王小明、劉玲珠
出 版 者：文經出版社有限公司
登 記 證：新聞局局版台業字第2424號

總社・編輯部

地　　址：104 台北市建國北路二段66號11樓之一
電　　話：（02）2517-6688
傳　　真：（02）2515-3368
E-mail：cosmax.pub@msa.hinet.net

業務部

地　　址：241 台北縣三重市光復路一段61巷27號11樓A
電　　話：（02）2278-3158・2278-2563
傳　　真：（02）2278-3168
E-mail：cosmax27@ms76.hinet.net
郵撥帳號：05088806文經出版社有限公司

新加坡總代理：Novum Organum Publishing House Pte Ltd.
TEL: 65-6462-6141
馬來西亞總代理：Novum Organum Publishing House (M) Sdn. Bhd.
TEL: 603-9179-6333
印 刷 所：通南彩色印刷有限公司
法律顧問：鄭玉燦律師（02）2915-5229
定　　價：新台幣 320 元

發 行 日：2009年 8 月 第一版 第 1 刷
2010年 6 月 第 3 刷